材料力学实验

主　编　张坤强　姜德贵　马　飞
副主编　郭　彬　李　妮　程吉泉

黄河水利出版社
·郑州·

内容提要

本书根据材料力学课程教学大纲的内容和要求编写，主要内容包括绪论、实验设备、基本实验(拉伸实验、压缩实验、扭转实验、纯弯曲梁正应力实验及压杆稳定实验)、其他实验(电阻应变片粘贴技术、在电桥中的接法实验，等强度梁静态应变、位移测定实验，回弹法测混凝土强度实验，混凝土无损检测实验，冲击实验，光弹性实验)，辅以近几年来高校力学竞赛任务书，提高了同学们对力学科研和探索的兴趣。

本书可供普通高等院校水利类、土木类及机械类等专业学生使用，也可供其他专业师生及有关工程技术人员参考使用。

图书在版编目(CIP)数据

材料力学实验/张坤强，姜德贵，马飞主编. —郑州：黄河水利出版社，2022.4

ISBN 978-7-5509-3269-2

Ⅰ.①材… Ⅱ.①张…②姜…③马… Ⅲ.①材料力学-实验-高等学校-教材 Ⅳ.①TB301-33

中国版本图书馆 CIP 数据核字(2022)第 065715 号

策划编辑：王志宽　电话：0371-66024331　E-mail：wangzhikuan83@126.com

出 版 社：黄河水利出版社　网址：www.yrcp.com

地址：河南省郑州市顺河路黄委会综合楼 14 层　邮政编码：450003

发行单位：黄河水利出版社

发行部电话：0371-66026940、66020550、66028024、66022620(传真)

E-mail：hhslcbs@126.com

承印单位：河南匠之心印刷有限公司

开本：787 mm×1 092 mm　1/16

印张：6

字数：140 千字

版次：2022 年 4 月第 1 版　印次：2022 年 4 月第 1 次印刷

定价：15.00 元

前　言

科学实验是科学理论的源泉,是自然科学的根本,是工程技术的根本。

材料力学是工科院校普遍开设的一门重要学科基础课,是一门实践性很强的技术基础课,是构筑工程技术根本的基础知识。该课程的教学内容及教学效果对于工程设计知识的建立乃至学生的培养质量都有深刻的影响。

材料力学实验附属于材料力学课程,是材料力学课程的重要组成部分。材料的力学性能以及反映材料力学性能的常数指标都需要通过实验来验证或测定,为了正确地测定材料力学性能,实验室必须依据国家标准,按照标准化的程序进行实验;对于验证理论的实验,是将实际问题抽象为理想模型,再根据假设导出一般性公式,是研究材料力学的基本方法,但是这些简化与假设是否正确,理论公式是否能在假设中应用,需要用实验来验证;此外,对于实际工程构件力学性能的研究也必须通过实验应力分析进行检验。

本书根据材料力学课程教学大纲的内容和要求编写,主要内容包括绪论、实验设备、基本实验(拉伸实验、压缩实验、扭转实验、纯弯曲梁正应力实验及压杆稳定实验)、其他实验(电阻应变片粘贴技术、在电桥中的接法实验,等强度梁静态应变、位移测定实验,回弹法测混凝土强度实验,混凝土无损检测实验,冲击实验,光弹性实验),辅以近几年来高校力学竞赛任务书,提高了同学们对力学科研和探索的兴趣。

本书由山东农业大学水利土木工程学院张坤强、姜德贵、郭彬、李妮、程吉泉,德州市水利事业发展中心马飞等共同编写,本书得到了很多师长、朋友和同仁的鼓励与支持,得到山东省自然科学基金(ZR2018PEE027)及山东农业大学校改课题(X2019064)项目支持,在此一并表示感谢。水利土木工程学院刘福胜、刘传孝及冯竟竟教授,郑九华、尹航及程广坦等副教授给予了大量帮助和指导,泰山学院温福胜、李文超等老师,山东农业大学研究生贾峰、刘恒安、李学洋等参与了本书相关资料的整理工作,实验中心提供了相关科研平台和设备。本书在编写过程中,引用和参考了国内外同行发表的专著、论文及各兄弟院校的实验教学管理材料,借此机会表示感谢!

本书主要供普通高等院校水利类、土木类及机械类等专业学生使用,也可供其他专业师生及有关工程技术人员参考使用。限于作者水平和能力,书中不足之处在所难免,敬请读者和同行专家批评指正。

相关材料力学基本实验教学视频可在 http://shuitu.sdau.edu.cn/stlab/main.htm 中查看,亦可以通过 kqzhang@sdau.edu.cn 与作者进行联系交流。

作　者

2022 年 1 月

目 录

第一章　绪　论

第一节　材料力学实验内容

材料力学实验是材料力学课程的重要组成部分。材料力学的结论和定律,材料的力学性能及表达材料力学性能的常数都需要通过实验来验证或测定,如“胡克定律”就是由Robert Hooke经过一系列弹簧和钢丝试验之后建立的;又如材料力学的创始人伽利略就曾用实验的方法研究了拉伸、压缩和弯曲等有关现象,近代塑性理论的应力应变关系、高温蠕变的基本定律、金属疲劳的持久极限都是以实验为基础建立的。至于在各种条件下的材料力学性能研究,实际工程构件的强度、刚度和稳定性的研究,也都是需要依靠实验得到解决的。因此,材料力学实验是工程技术人员必须掌握的基本技能之一。在学校通过材料力学实验使学生掌握材料力学性能的基本知识、基本技能和基本方法,不仅是高校材料力学课程教学要求,同时对于培养学生的动手能力、分析问题的能力以及严肃认真、实事求是的科学态度都是极为重要的,对于培养学生实际工作能力和科技创新能力也具有非常重要的现实意义。

材料力学实验按其性质可分为以下三类:

(1)测定材料力学性能实验。

材料力学公式只能算出杆件在荷载作用下应力的大小。为了建立起相应的强度、刚度和稳定条件,必须通过拉伸、压缩、扭转、冲击、疲劳等实验来测定材料的屈服极限、强度极限、弹性模量和持久极限等力学性能。这些材料的力学性能是设计构件时所不可缺少的基本参数和依据。然而,同一种材料用不同的实验方法,测得的数据也可能有显著的差异。为了正确地测定数据,实验时必须依据国家标准,按照标准化程序进行。

(2)验证理论实验。

将实际问题抽象为理想的模型(如杆的拉伸、压缩、弯曲等),再根据科学的假设(如平面假设、材料均匀连续性和各向同性假设等)导出一般性公式,这是研究材料力学的基本方法,但是这些简化与假设是否正确,理论公式是否能在假设中应用,都需要通过实验来验证。此外,对于这些近似解答,其精确度也必须通过实验检验后才能在工程设计中使用。

(3)应力分析实验。

工程上很多实际构件的形状和受载情况都是十分复杂的,如轧钢机架、汽车底盘、水坝和飞机结构等,关于它们的强度问题,单纯依靠理论计算,不能解决或难以解决其内部应力大小和分布情况,因而近几十年来发展了实验应力分析,即用实验方法解决应力分析问题。其内容包括电测法、光测法、脆性涂层法、云纹法、声弹法等。目前,这些方法已成为工程中解决实际问题的有力工具。例如,通常采用电测法观察构件某一局部的应力分布,采用光测法观测构件的整体应力分布等。

第二节　材料力学实验目的

材料力学实验技术具有丰富的内容,本书选取了较典型和较常用的实验内容和方法作为实验课的基本教学内容,在掌握材料力学基本理论的基础上,掌握基本的实验技能,并探索通过综合性、设计性实验教学方式,逐步培养学生的动手能力和实践能力。还列出了部分演示实验,用以开拓学生的眼界,为后续专业课打下基础。

(1)通过对实验现象的观察、分析和对金属材料各力学量及物理量的测量,能初步掌握材料力学实验的基本知识、基本方法和基本技能,并能运用材料力学原理解释金属材料构件的力学行为,加深对材料力学原理的理解。

(2)培养学生的科学实验能力,主要包括:动手实践能力、思维创新能力、书写表达能力和简单的设计能力,并通过实验课激发同学们的创造能力和工作热情。

(3)培养学生从事科学实验的素质。要求学生具有理论联系实际和实事求是的科学作风;严肃认真的工作态度;不怕困难主动进取的探索精神;遵守操作规程、爱护公共财物,以及在实验中相互协作、共同探索的思想品德。

第三节　材料力学实验课的基本要求

通过实验课系统训练,同学们应达到如下基本要求:

(1)掌握材料力学实验的基本知识,熟练掌握实验报告的书写方法,掌握简单设计件实验报告的书写方法,掌握实验数据处理及误差分析方法。

(2)了解实验设备、仪器的基本工作原理,掌握它们的操作方法。在大型设备的操作过程中,培养协作精神,逐步增强实践能力和动手能力。

(3)掌握低碳钢和铸铁材料机械性能的参数测试方法,并比较两种材料在机械性能方面的差别。

(4)掌握材料力学实验中的机械法和电测法两种基本实验方法,能应用材料力学知识解释、分析拉伸、扭转、弯曲、组合变形和简单超静定实验中所发生应力和应变变化的规律。

(5)初步具备对材料力学实验过程的设计能力,即能独立完成实验的全过程,具有一定的动手能力和思维判断能力。

(6)对应变片粘贴、桥路连接、光弹、冲击等项内容的实验方法有选择的了解。

总之,希望同学们在实验课中,能仔细研究每一个环节,认真做好每一项实验。

第四节 材料力学实验注意事项

一、实验前的准备工作

(1)按各次实验的预习要求,认真阅读实验指导复习有关理论知识,明确实验目的,掌握实验原理,了解实验的步骤和方法。

(2)对实验中所使用的仪器、实验装置等应了解其工作原理,以及操作注意事项。

(3)必须清楚地知道本次实验须记录的数据项目及其数据处理的方法。

二、严格遵守实验室的规章制度

(1)按课程规定的时间准时进入实验室。保持实验室整洁、安静。

(2)未经许可,不得随意动用实验室内的机器、仪器等一切设备。

(3)做实验时,应严格按操作规程操作机器、仪器,如发生故障,应及时报告,不得擅自处理。

(4)实验结束后,应将所用机器、仪器擦拭干净,并恢复到正常状态。

三、认真做好实验

(1)接受教师对预习情况的抽查、质疑,仔细听教师对实验内容的讲解。

(2)实验时,要严肃认真、相互配合,仔细地按实验步骤、方法逐步进行。

(3)实验过程中,要密切注意观察实验现象,记录好全部所需数据,并交指导老师审阅。

四、实验报告的一般要求

实验报告是对所完成的实验结果整理成书面形式的综合资料。通过实验报告的书写,培养学习者准确有效地用文字来表达实验结果。因此,要求学习者在自己动手完成实验的基础上,用自己的语言简明扼要地叙述实验目的、原理、步骤和方法,所使用的设备仪器的名称与型号、数据计算、实验结果、问题讨论等内容,独立地写出实验报告,并做到字迹端正、绘图清晰、表格简明。

(一)实验报告内容要求

实验报告是实验者最后交出的成果,是实验的分析结果,应认真完成实验报告,其内容应包括以下内容:

(1)实验名称、日期、室温、同组人员姓名。

(2)实验目的。

(3)实验设备的名称、型号、精度。

(4)实验数据及其处理。

(二)实验数据处理要求

1. 测量中的有效数字

实验测量中,由于使用的机器、仪表和量具标尺刻度的最小分度值是随机器、仪表和量具的精度不同而不同,所以,在测量时除直接从标尺读出刻度值外,还要尽可能读出最小刻度线以下的一位估计数值。这种由测量得来的可靠数字和末位的估计数字所组成的数字称为有效数字。例如,用米尺、游标卡尺、千分尺测量一试件直径,其读数见表1-1。

表1-1　常用量具的有效数字

量具	精度/mm	读数/mm	有效数字位数
米尺	1	9.8	2
游标卡尺	0.02	9.84	2
千分尺	0.001	9.843	4

2. 四舍五入单双修约规则

有效数字以后的第1位数为小于或等于4的数时,舍去,如2.245→2.2;有效数字以后的第1位数为大于或等于6时,进1,如2.565→2.6;有效数字以后的第1位数为5时,若有效数字的末位是单数时则进1,是双数时则舍去。如2.351→2.4,2.450→2.4。

3. 四舍五入考虑修约规则

如有效数字以后的第1位是5,且5以后非零则进1,如28.354→28.4;5以后皆为零,且有效数的末位为偶数则舍去,如28.450→28.4;若5以后皆为零,但有效数末位为奇数则进1,如28.350→28.4。

4. 有效数字的计算规则

几个数相加(或相减)时,其和(或差)在小数点后面保留的位数应与几个数中小数点后面最少的那个相同,如4.33+31.7+2.652=38.7。

几个数相乘(或相除)时,其积(或商)的有效数字位数应与几个数中最少的相同,如$23.4\times52.1=12.2\times10^2$。

常数及无理数参与运算,不影响结果有效数字的位数,该无理数的位数只需取与有效数字最少的位数相同即可。

求4个数或4个数以上的平均值时,所得的有效位数要增加1位。

5. 实验结果的表示

在实验中除对测得的数据进行整理并计算实验结果外,一般还要采用图表或曲线来表示实验结果。实验曲线应绘在坐标纸上,图中应注明坐标轴所代表的物理量和比例尺。实验测得的坐标点应当用记号表示,例如,“×”“○”或“△”等。当连接各坐标点为曲线时,不要用直线逐点连成折线,应当根据多数坐标点的位置,描绘成光滑曲线。

6. 实验结果的分析

最后应当对实验结果进行分析,说明其主要结果是否正确,对误差加以分析,并回答指定的思考题。

第二章　实验设备

第一节　微机控制电子万能试验机

在材料力学实验中,一般都要给试件施加荷载,这种加载用的设备为材料试验机。微机控制电子万能试验机广泛用于金属材料和非金属材料,进行构部件的拉、压、弯、剪、蠕变、持久等力学实验。

一、构造原理

微机控制电子万能试验机原理示意如图 2-1 所示。

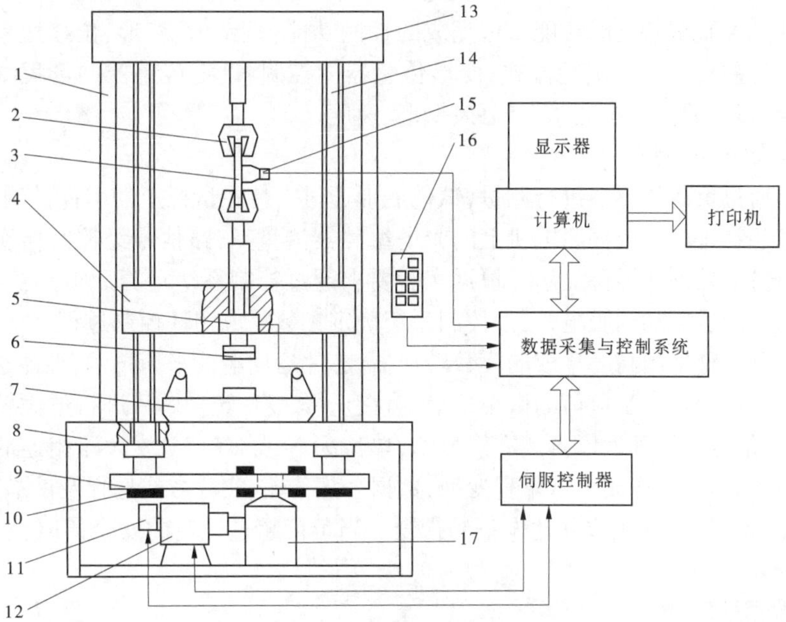

1—立柱;2—拉伸夹具;3—拉伸试件; 4—移动横梁; 5—测力传感器; 6—压缩夹具;
7—弯曲夹具;8—下横梁;9—同步齿形传动带; 10—带轮; 11—光电编码器;
12—伺服电机;13—上横梁;14—滚珠丝杠;15—引伸计;16—手控键盘;17—减速机。

图 2-1　微机控制电子万能试验机原理示意图

微机控制电子万能试验机由三部分组成:机械加载传动部分,测量控制系统、计算机软件控制部分与数据记录、处理部分。主机与辅具构成试验机的加力框架,主机工作台下的伺服电机、伺服系统、减速系统构成动力驱动系统。测量控制器、传感器、PC 机构成试验机的控制与数据处理系统。

（一）试验机结构

主机部分由两（导向）立柱、上横梁、中横梁、下横梁组成框架结构，伺服电机、调速传动系统安装在工作台下部，伺服电机通过减速系统（同步齿形带、轮）带动滚珠丝杠旋转，滚珠丝杠驱动移动横梁，带动拉伸夹头（压缩、弯曲等装置）上下移动，实现试样的加荷与卸载。该结构保证框架式主机有足够的刚度，同时实现高效、平稳传动。丝杠与丝母之间有消除间隙结构，提高了整机的传动精度与效率。

（1）试验结构，本电子万能试验机为双空间结构，双空间是指拉伸试验在上横梁和中横梁之间完成，压缩、弯曲试验在中横梁和下横梁之间完成。

（2）负荷传感器，安装在中横梁的下部，将外加的力通过放大器转换成电信号输出。

（3）限位开关，安装在主机左侧前方，作为安全措施，可防止中横梁移动时发生碰撞而引起过载情况的出现。

（二）液晶操作面板

液晶操作面板吸挂在右方前侧中部，为试验机的附属控制、显示装置，用以手动控制中横梁的移动上升、下降、步进动作、设定控制参数，并实时显示主要试验参数；并具有脱离计算机独立控制试验机的功能。可完成的控制功能：设定力、变形、位移速率的比例项和积分项等控制参数设定试验方式，变形传感器的控制、设定传感器的量程、标定系数。可设定，实时显示的主要参数：力、位移、变形、速度。

（三）测量控制系统

试验机通过负荷传感器进行测量，试件变形通过夹持在试样上的引伸计测量，中横梁位移通过安装在丝杠上或伺服电机上的光电编码器测量，三路信号经控制器实现实验数据的采集、转换、处理和屏幕显示。根据实验要求通过控制系统运算后得到控制信号，再经调速系统放大后驱动伺服电机，按控制系统确定参数完成闭环控制过程。

测量控制系统采用高度集成的模数转换器，芯片运用电荷平衡技术，性能达到 24 位。传感器受力后输入正比于负荷的微小信号，直接送入 A/D 转换芯片进行放大转换再送入单片计算机，信号经处理后以直读方式显示，单位为 N 或 kN。与放大器相连的单片计算机为测控系统心脏，完成放大器量程变换，数据采集传输、实验方式选择及液晶显示，数据通过 RS232 接口输出并接收其他设备的指令。当负荷超过设定的安全值时，安全保护系统工作，自动停机。

（四）数据处理

实验数据经测量控制系统采集和实验软件处理后在液晶面板和计算机屏幕显示，并且保存在计算机 PC 机中。实验完成后，用户可对实验数据进行后处理并打印，也可以 ASSII 文件的形式保存在硬盘中，以 Office 软件导出。

操作步骤如下：

（1）开机预检，机器运转是否正常。

（2）根据检测要求更换合适夹具。

（3）实验前，调整好限位挡块。

（4）双击电脑桌面图标，进入实验软件，点击联机。

(5)根据试样情况准备好夹具,若夹具已安装到试验机上,则对夹具进行检查,并根据试样的长度及夹具的间距设置好限位装置。

(6)选择相应的实验方案,输入试样的参数设置,试样录入等。测量试样的尺寸方法为:用游标卡尺在试样标距两端和中间三个截面上测量直径,每个截面在互相垂直方向各测量一次,取其平均值,用三个平均值中最小者计算横截面面积。

(7)压缩实验时将试样的端面涂上润滑油脂后,再准确地置于试验机下压盘的支撑垫板中心处,调整试验机夹头间距,按控制面板的下降键让上压盘缓慢下降,调整到接近下压盘但未触及压缩试样时停止,注意在较接近下压盘时要改按慢下的控制键,避免上压盘直接触及试样。

(8)力值清零、位移清零、峰值力清零、变形清零。

(9)点击实验开始,开始自动实验。

(10)观察实验过程。

(11)实验结束,在实验结果栏中,程序将自动计算出结果显示在其中。如果想清楚地观看结果,可双击实验结果区,实验结果区将放大到半屏,方便观看结果数据,再次双击,实验结果区大小复原。如果想分析曲线,双击曲线区,曲线区将放大到半屏,方便分析曲线,再次双击,曲线区大小复原。

(12)实验完成后,点击储存位置目录,拷贝并分析实验数据。

(13)关闭实验窗口及软件。

(14)关机:试验软件→试验机→计算机。

(15)取下试件,将仪器复原并清理现场。

二、注意事项

(1)启动试验机前,检查限位旋钮位置。

(2)放置试样时,把试样放置入钳口长度的2/3以上,以便保持有效夹持与保护钳口。

(3)如遇紧急情况,按下红色蘑菇头按钮。

(4)拧动加载速度调节旋钮时要缓慢进行。

(5)实验时,若发现软件运行异常或发生其他异常现象,应立即停止,查出故障原因,修复后方可进行实验。

(6)机器运转时,操作者不得擅自离开。

第二节　CTT系列扭转试验机操作

CTT系列扭转试验机可以通过对试件施加扭矩,并能测出扭矩的大小,主要用于测量各种金属在扭转作用下的抗扭强度 τ_b、切变模量 G 等实验结果及其他数据。整机是由主机、主动夹头、从动夹头、扭转角测量装置以及电控测量系统组成。

一、构造原理

扭转试验机原理示意如图 2-2 所示。

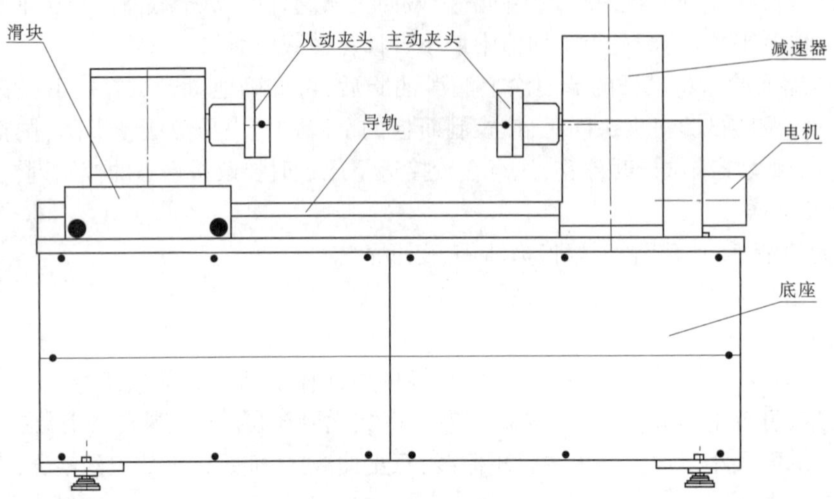

图 2-2　扭转试验机原理示意图

(一) 主机

主机由底座机箱、传动系统和移动支座组成。传动系统由交流伺服电机、同步齿形带和带轮、减速器、同步带张紧装置等组成。移动支座由支座和扭矩传感器组成,支座用轴承支撑在底座上,与导轨的间隙由内六角螺钉调整;扭矩传感器固定在支座上。

(二) 扭转角测量装置

扭转角测量装置由卡盘、定位环、支座、转动臂、测量辊、光电编码器组成。

卡盘固定在试样的标距位置上,试样在加载负荷的作用下而产生形变,从而带动卡盘转动,同时通过测量辊带动光电编码器转动。由光电编码器输出角脉冲信号。发送给电控测量系统处理,然后通过计算机将扭角显示在屏幕上。

(三) 扭矩的测量机构

扭矩传感器固定在支座上,可沿导轨直线移动。通过试样传过来的扭矩使传感器产生相应的变形,发出电信号,通过电缆将该信号传入电控部分。由计算机进行数据采集和处理,并将结果显示在屏幕上。

(四) 夹头

试样夹头有两个,主动夹头安装在减速器的出轴端。从动夹头安装在移动支座上的扭矩传感器上。试样夹在两个夹头之间。旋转夹头上的手柄,使夹头的钳口张开或合拢,将试样夹紧或松开。当主动夹头被电机驱动时,试样所承受的力矩经从动夹头传递给扭矩传感器,转换成测量电信号,发送给电控测量系统处理。

二、操作步骤

(1)检查设备,在实验前对设备进行检查。检查内容包括:各紧固件是否松动,各按键是否正常,电机是否正常。

(2)准备试样。

(3)扭角测量装置的安装,先将一个定位环夹套在试样的一端,装上另一个卡盘,将螺钉拧紧。再将另一个定位环夹套在试样的另一端,装上另一个卡盘;根据不同的试样标距要求,将试样搁放在相应的V形块上,使两卡盘与V形块的两端贴紧,保证卡盘与试样垂直,以确保标距准确。将卡盘上的螺钉拧紧,将装好卡盘的试样装在主、从动夹具上,将扭角测量装置的转动臂的距离调好,转动转动臂,使测量辊压在卡盘上。

(4)开机:试验机→打印机→计算机。

注意:每次开机后,最好要预热10 min,待系统稳定后,再进行实验工作。若刚刚关机,需要再开机,至少保证1 min的时间间隔。

(5)双击电脑桌面

图标,进入实验软件,选择好联机的用户名和密码选择对应的传感器及扭角仪后点击

。

(6)根据试样情况准备好夹具,若夹具已安装到试验机上,则对夹具进行检查,并根据试样的长度及夹具的间距设置好限位装置。

(7)选择相应的实验方案,输入试样的原始用户参数如尺寸等。测量试样的尺寸方法为:用游标卡尺在试样标距两端和中间三个截面上测量直径,每个截面在互相垂直方向各测量一次,取其平均值。用三个平均值中最小者计算 W_ρ。

(8)画线:在试件的两端和中间用彩色粉笔画三个圆周线,并沿试件表面画一母线,以便观察低碳钢扭转时的变形情况(铸铁变形较小不用画此线)。

(9)装夹试样。

(10)先按"对正"按键,使两夹头对正。如发现夹头有明显的偏差,请按下"正转"或"反转"按键进行微调。

(11)将已安装卡盘的试样的一端放入从动夹头的钳口间,扳动夹头的手柄将试样夹紧。

(12)按"扭矩清零"按键或实验操作界面上的扭矩"清零"按钮。

(13)推动移动支座移动,使试样的头部进入主动夹头的钳口间。

(14)先按下"试样保护"按键,然后慢速扳动夹头的手柄,直至将试样夹紧。

(15)按"扭转角清零"按键(点击扭角窗口的

按钮),使计算机显示屏上的扭转角显示值为零。

(16)将测量辊放在卡盘上。

(17)点击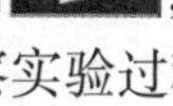,开始自动实验,软件自动切换到试验界面。

(18)观察实验过程。

(19)实验结束,在实验结果栏中,程序将自动计算出结果显示在其中。如果想清楚地观看结果,可双击实验结果区,实验结果区将放大到半屏,方便观看结果数据,再次双击，实验结果区大小复原。如果想分析曲线，双击曲线区，曲线区将放大到半屏，方便分析曲线，再次双击，曲线区大小复原。扭矩-扭角曲线如图 2-3 所示。

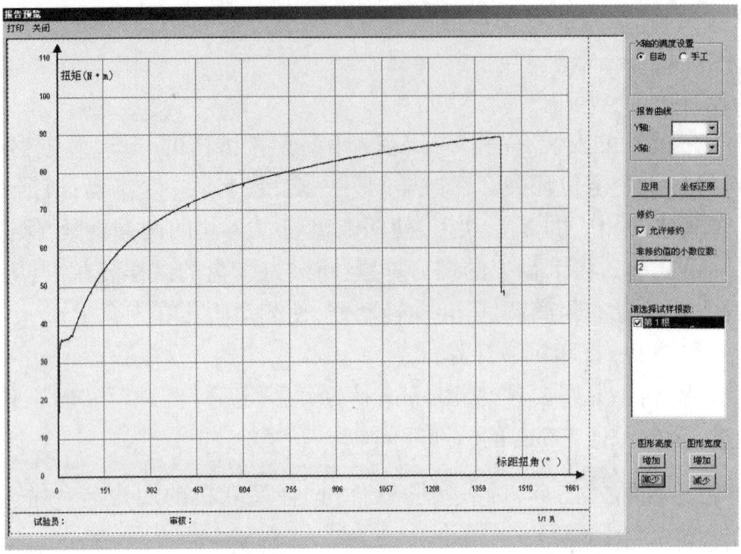

图 2-3　扭矩-扭角曲线

(20)实验完成后，点击 生成报告 ，打印实验报告。

(21)关闭实验窗口及软件；

关机：软件→试验机→计算机。

(22)实验结束，取下试样。

(23)实验完成以后，根据实验的要求，输出、打印实验报告。

(24)实验全部结束以后，应清理好机器，以及夹头中的铁屑，卸除试样，关断电源。

三、注意事项

(1)当打开主机电源后，发现按键操作面板上的红色电源指示灯不亮，请观察急停开关是否按下。

(2)机器在长期停止使用后，需先按“点动”按键，将机器运行 1 min 以上，使减速机的润滑充分。

(3)推动移动支座时，切勿用力过大，以免损坏试样或传感器。

(4)机器运转时，操作者不得擅自离开。

(5)铸铁扭转时，要加防护罩，以免破碎试件飞出打伤人。

第三节　纯弯曲梁实验装置

纯弯曲梁实验装置型号：XL3416，如图 2-4 所示。

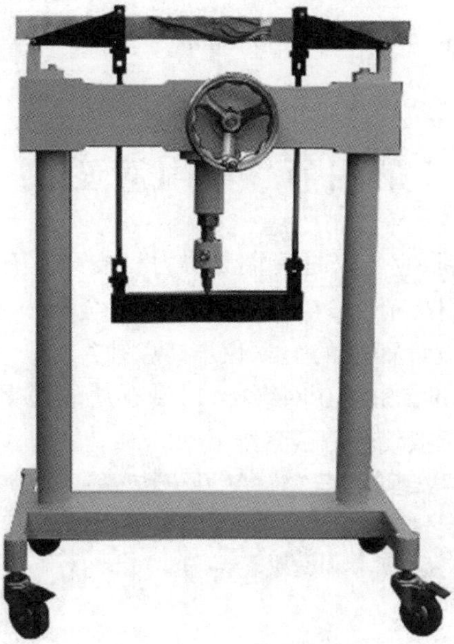

图 2-4　纯弯曲梁实验装置

一、特点

(1)移动方便、数字显示、结构简洁、加载方便、测量准确。
(2)采用蜗杆机构以螺旋千斤进行加载,操作省力,加载稳定。
(3)刹车脚轮方便移动和固定。

二、组成

纯弯曲梁实验装置由实验台、拉压力传感器、标准试件(应变片贴好)组成。

三、实验用途

(1)纯弯曲梁横截面上正应力的分布规律实验。
(2)材料弹性模量 E、泊松比 μ 的测定(选配)。
(3)偏心拉伸实验(选配)。
(4)压杆稳定实验(选配)。

四、技术参数

(1)荷载范围:5 000 N。
(2)加载机构作用行程:50 mm。
(3)手轮加载转矩:0~2.6 N·m。
(4)加载速度:0.12 mm/r。
(5)荷载灵敏度:1 N。

(6)过载能力:150%。

(7)外形尺寸:750 mm×450 mm×1 000 mm。

(8)质量:45 kg。

第四节　电阻应变仪

XL2118B 系列静态电阻应变仪是秦皇岛协力科技开发有限公司开发的高性能静态电阻应变仪,该仪器是采用高精度 24 位 A/D 转换器、全新一代高性能 ARM 处理器、液晶显示、触摸屏操作等技术设计而成的一款仪器(见图 2-5)。全数字化智能设计,操作简单,测量功能丰富,配有标准 USB2.0 网络接口,具有功能强大的计算机数据采集分析软件,可配置成一套先进的虚拟仪器测试系统。

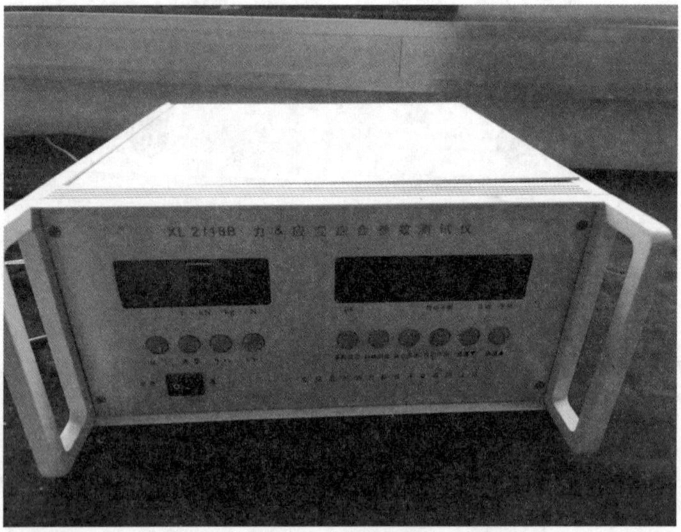

图 2-5　XL2118B 系列静态电阻应变仪

一、工作原理

XL2118B 系列静态电阻应变仪的主要工作原理是将一种特制的电阻应变片作为传感元件,牢固地粘贴在被测构件上一起变形,把构件的应变转化为电阻应变的电阻改变量,然后用应变指示器测出电阻改变量,并换算成应变值指示出来。它的优点是测量精度、灵敏度高,测量范围广,频率响应好。目前,电阻应变仪正向多点、高精度、数字化、自动化方向发展。

二、技术参数

XL2118B 系列静态电阻应变仪技术参数见表 2-1。

表 2-1　XL2118B 系列静态电阻应变仪技术参数

主机测点	10/18 点	操作方式	触摸操作
测量单位	με	接桥方式	二线制、三线制 1/4 桥、1/4 桥(公共补偿)、半桥、全桥
测量范围	应变 0~±38 000 με;其他物理量:±99 999	零点漂移	≤±2 με/4 h;≤±1 με/℃
零点不平衡范围	±38 000 με;传感器:0.01%F.S	精度	±0.2%±2 με
分辨率	应变:本机模式 1 με;控制模式 0.1 με;其他测量单位:0.01%/F.S	非线性	±0.02%F.S
平衡方式	自动扫描平衡	数据存储容量	1 500 页
最高采样频率	2 kHz	工作模式	本机自控/计算机外控
CPU	高速 ARM 处理器	通信方式	USB
灵敏度设置范围	应变片 1.000~9.999 传感器 10~9 999	温度	-10~+45 ℃
供桥电压	DC 2 V	电源	AC 220 V　50 Hz
适用桥路电阻	60~1 000 Ω	功率	约 10 W
显示窗口	多通道实时显示	外形尺寸(宽×深×高)(mm×mm×mm)	332×280×132
显示方式	7 in LCD 显示	质量	约 4.5 kg

第五节　等强度梁实验装置

XL3417 等强度梁实验装置是方便同学们自己动手做材料力学电测实验的设备之一,一个实验台可做多个静态或动态电测实验,操作简单,实验直观,便于培养学生的动手能力。

一、构造及工作原理

（一）基本外形结构

基本外形结构如图 2-6 所示。它由实验台架、等强度梁（已贴好应变片）、砝码及吊环砝码托盘组成。

图 2-6　XL3417 等强度梁实验装置

（二）工作原理

XL3417 型等强度梁为悬臂梁式（见图 2-6）。当悬臂梁上加一个荷重 G 后，距加载点 x 距离的断面上弯矩为

$$M_x = Gx$$

相应断面上的最大应力为

$$\sigma = \frac{Gx}{W}$$

式中：W 为抗弯断面模量。

断面为矩形，b_x 为宽度，h 为厚度，则：

$$W = \frac{b_x h^2}{6}$$

$$\sigma = \frac{Gx}{\frac{b_x h^2}{6}} = \frac{6Gx}{b_x h^2}$$

所谓等强度，指各个断面在力的作用下应力相等，即 σ 值不变。显然，当梁的厚度 h 不变时，梁的宽度必须随着 x 的变化而变化，因而：

$$\frac{b_x}{x} = \frac{6G}{\sigma h^2}$$

在 G、σ 、h 不变时，$\frac{b_x}{x}$ 值是定值，说明 b_x 随 x 呈线性变化。

二、操作步骤

（1）将等强度梁试件固定到等强度梁台架上，将试件上应变片连接导线根据实验要求合理组桥连到应变仪上。

(2)应变仪打开仪器电源,预热 20 min 左右,在不加载的情况下将应变量调至零。

(3)对试件进行分级加载,加载过程中,砝码应轻拿轻放,以免损坏等强度梁。

注意:所加荷载一定不要超载,以免超出梁的弹性范围,恢复不了原来状态。如已与微机连接,则全部数据可由计算机进行简单的分析并打印。

三、注意事项

(1)每次实验最好先将试件摆放好,仪器接通电源,打开仪器预热 20 min 左右,讲完课再做实验。

(2)实验不得超过规定的终载。

(3)实验进行完后,应取下砝码。

第三章　基本实验

第一节　拉伸实验

拉伸实验是目前应用最广泛的强度实验，它为土木工程设计、机械制造及其他各种工业部门提供可靠的材料强度数据，便于合理地使用材料，保证结构物或机器及其杆件、零件的强度。拉伸实验能显示金属材料从变形到破坏全过程的力学特征。

一、实验目的

(1)测定低碳钢的强度指标(σ_s、σ_b)和塑性指标(δ、φ)。

(2)测定铸铁的强度极限σ_b。

(3)观察拉伸实验过程中的各种现象。

(4)比较低碳钢和铸铁的力学性能。

二、实验设备

(1)微机控制电子万能试验机。

(2)游标卡尺。

三、试件

采用圆形截面试件，如图 3-1 所示，试件中段用于测量拉伸变形，其长度 L 称为标距。两端较粗部分为夹持部分，安装于试验机夹头中，以便夹紧试件。

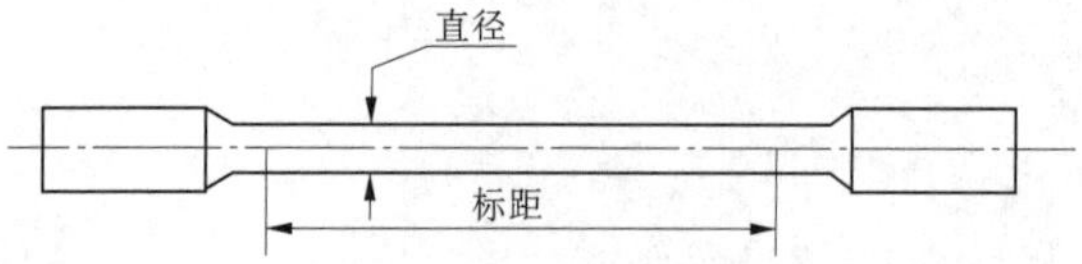

图 3-1　试件

实验表明，试件的尺寸和形状对材料的塑性性质影响很大，为了能正确地比较材料力学性能，国家对试件的尺寸和形状都做了标准化规定。直径 d_0 = 10 mm，标距 L_0 = 100 mm，$L_0 = 10d_0$，或者 L_0 = 50 mm($L_0 = 5d_0$)的圆截面叫作标准试件。如因原料尺寸限制或其他原因不能采用标准试件，可以用比例试件。本书采用直径 d_0 = 10 mm，标距 L_0 = 100 mm，横截面为圆形试件。

四、实验原理

材料力学性能 σ_s、σ_b 和 δ、φ 是由拉伸破坏实验测定的。试验机备有各种形式的夹头，一般采用楔形夹板夹头，夹板表面制成凸纹，以夹牢试件。

实验时，电子万能试验机的电脑会自动绘出低碳钢拉伸曲线[见图 3-2(a)]和铸铁拉伸曲线[见图 3-2(b)]，应该指出，图形中的拉伸变形 Δl 是整个试件的伸长(不是标距部分的伸长，如要测定标距部分的变形，需要特殊设备)和试件的滑动等。试件开始受力时，夹持部分在夹板内滑动较大，所以绘出的拉伸曲线最初为一段曲线。

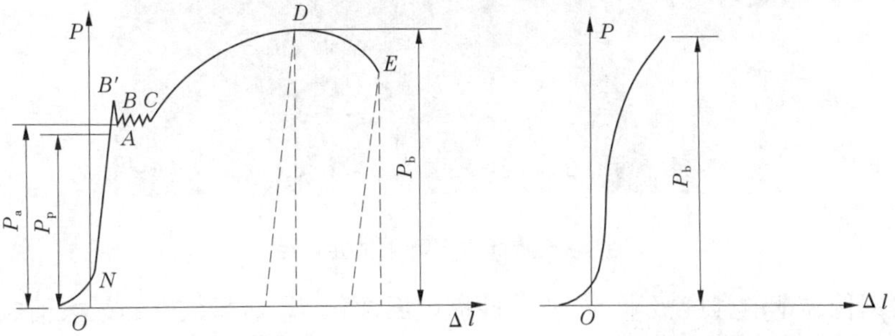

(a)低碳钢拉伸曲线　(b)铸铁拉伸曲线

图 3-2　应力-应变曲线

对于低碳钢材料，曲线中发现 OA 直线说明 P 正比于 Δl，此阶段称为弹性阶段。屈服阶段常呈锯齿形表示荷载基本不变，变形增加很快，材料失去抵抗变形能力，有两个屈服点。B' 点为上屈服点，它受变形大小和试件等因素影响；B 点为下屈服点，下屈服点比较稳定，所以工程上常以下屈服点对应的荷载作为屈服荷载。测定屈服荷载 P_s 时必须缓慢而均匀地加载，并利用公式 $\sigma_s = P_s/A_0$ 计算屈服极限。屈服阶段终了后，要使试件继续变形，就必须增加荷载。材料进入强化阶段，若在这一阶段的某点卸载到零，则得到一条卸载曲线，并发现它与弹性阶段的曲线基本平行，当重新加载时，加载曲线基本与卸载曲线重合，此曲线基本与未经卸载的曲线相同，这就是冷作硬化现象。当荷载达到强度荷载 P_b 后，某一局部发生显著变形，荷载逐渐减小，应用公式 $\sigma_b = P_b/A_0$。

对于铸铁试件在变形极小时，就达到最大荷载而突然发生断裂，没有直线屈服和颈缩现象，只有强化阶段，因此要求测出强度荷载即可。可应用公式 $\sigma_b = P_b/A_0$ 计算铸铁强度极限 σ_b。

五、实验

(一)低碳钢拉伸实验

(1)为了便于观察变形沿轴向的分布和计算延伸率，用划线机在试件标距 L_0 范围内每隔 10 mm 刻画一圆周线将标距分为 10 格。

用游标卡尺测量标距两端及中间三个横截面处的直径(见图 3-3)，在每个横截面直径互相垂直方向各测一次,并记录,分别计算各处直径的平均值,取其中最小值作为计算试件的横截面面积 A_0。

图 3-3　游标卡尺测量试件直径

(2)根据低碳钢的强度极限 σ_b 和试件横截面面积 A_0,估算试件的最大荷载:

$$P_b = \frac{1}{4}\pi d_0^2\sigma_b = 0.785\sigma_b d_0^2$$

(3)打开试验机和电脑(见图 3-4)。

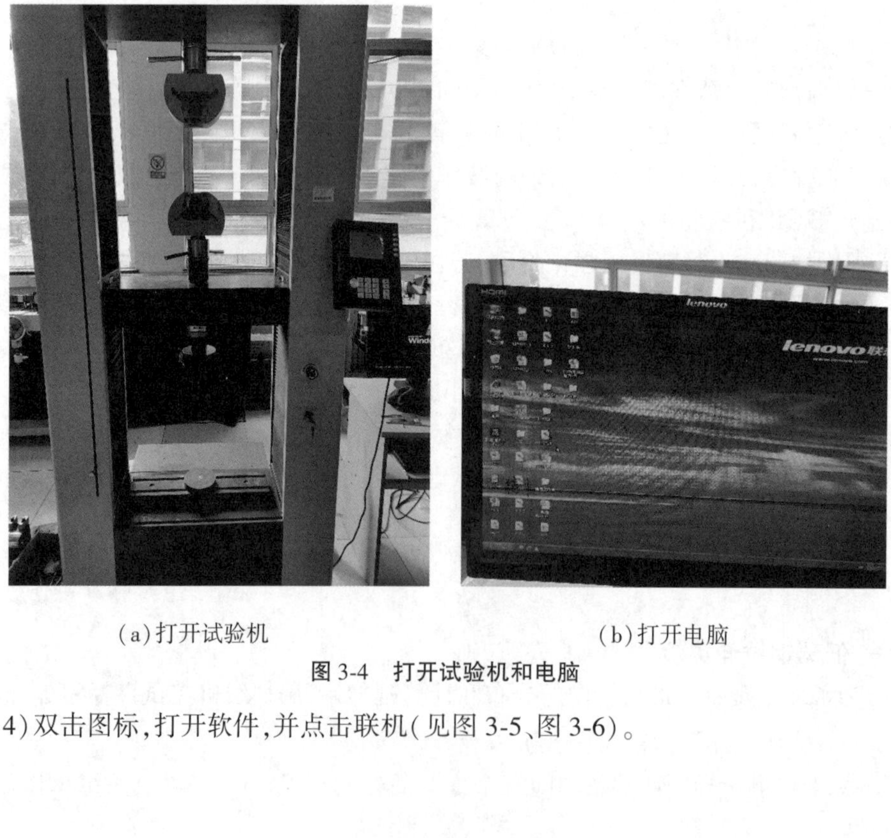

(a)打开试验机　　(b)打开电脑

图 3-4　打开试验机和电脑

(4)双击图标,打开软件,并点击联机(见图 3-5、图 3-6)。

图 3-5　双击图标，打开软件

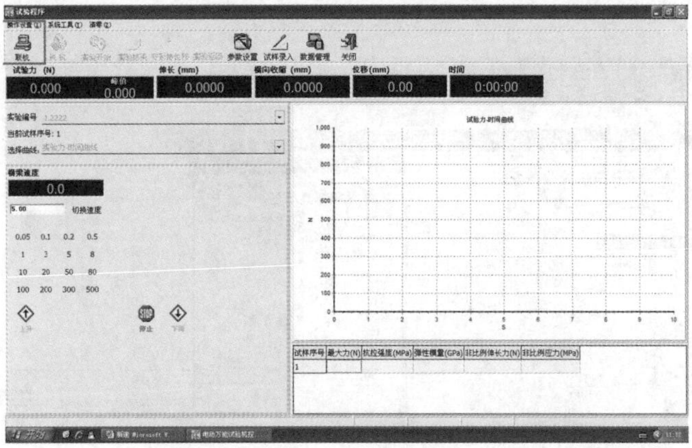

图 3-6　点击联机

(5)试样录入。输入试样编号和直径等相关参数(见图 3-7)。

注意：试样编号非常重要，且唯一，不准有重复，实验数据会保存在该编号文件夹下，切记。

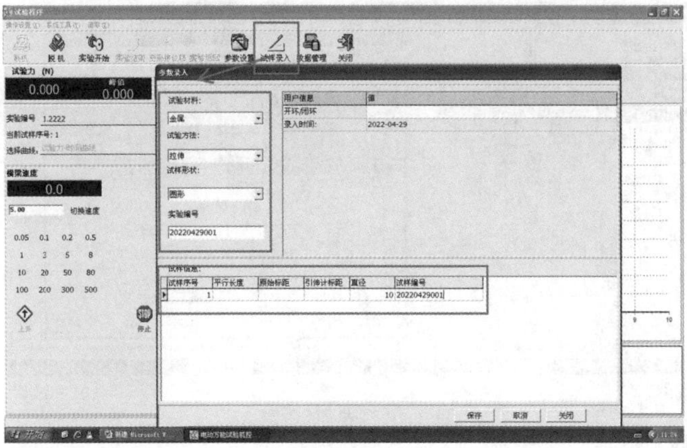

图 3-7　试样录入

(6)参数设置(见图 3-8~图 3-10)。

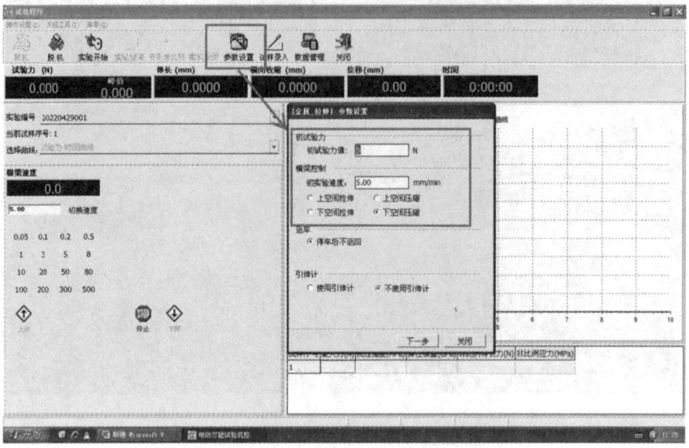

图 3-8　参数设置 1

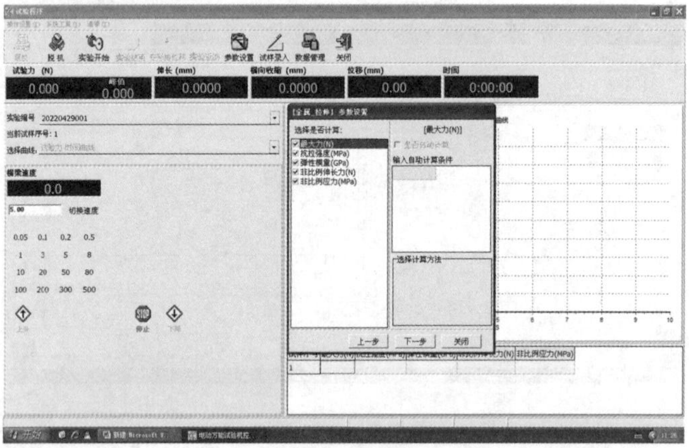

图 3-9　参数设置 2

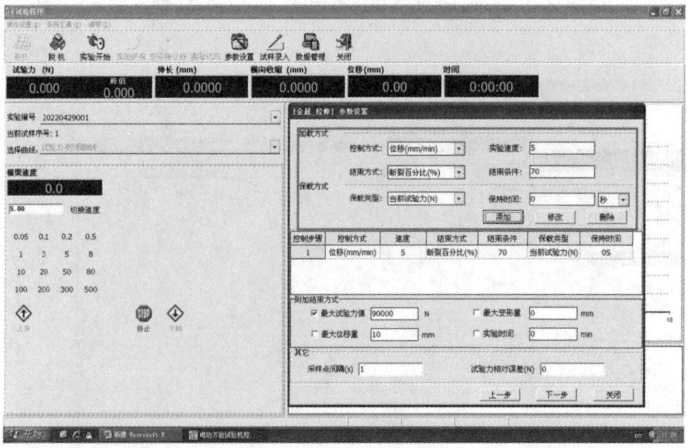

图 3-10　参数设置 3

(7)准备试件并夹紧。先将试件夹持部分安装在试验机的上夹头内,再调整下夹头,使之达到适当的位置上，把试件下端部安装在下夹头内，夹紧，见图 3-11、图 3-12。

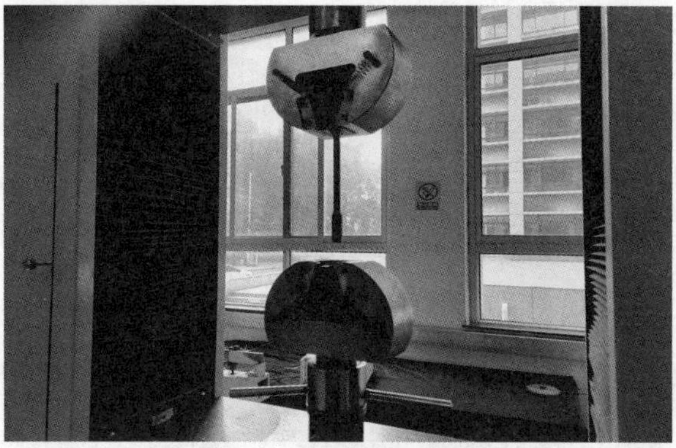

图 3-11　夹头上部加紧试件

图 3-12　试件两端夹紧固定

（8）数据清零。

采用双击屏幕参数处可以清零，也可以鼠标右键单击，并清零数据。

（9）单击“实验开始”开始实验，见图 3-13。

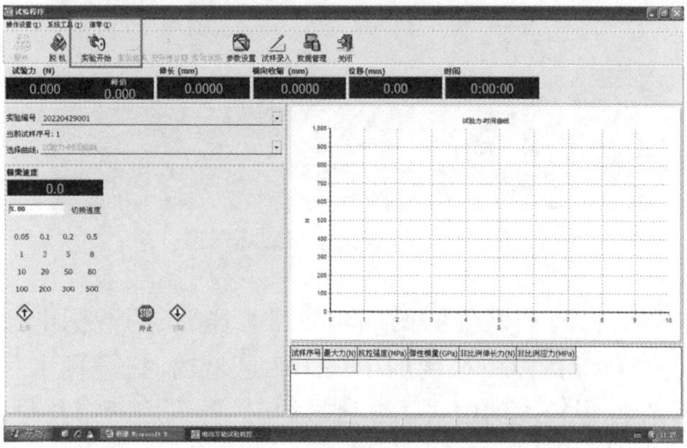

图 3-13　点击“实验开始”

注意:切记一定要点击“实验开始”才能正式开始实验,数据采集系统才会采集数据并绘制曲线。请教师检查以上步骤的完成情况,然后点击“实验开始”按钮。

(10)实验开始后,试验机缓慢匀速加载,观察图形情况及相应的实验现象,当试验力出现波动时,说明材料开始屈服,按要求读出屈服荷载 P_s 并记录,过屈服阶段后可用较快的速度加载,直至试件断裂,读出最大荷载 P_b 并记录。

注意观察低碳钢拉伸曲线的发展过程,感性认识线弹性、屈服、强化和颈缩破坏四个阶段。

低碳钢拉伸四个阶段曲线见图 3-14,低碳钢拉伸破坏形态见图 3-15。

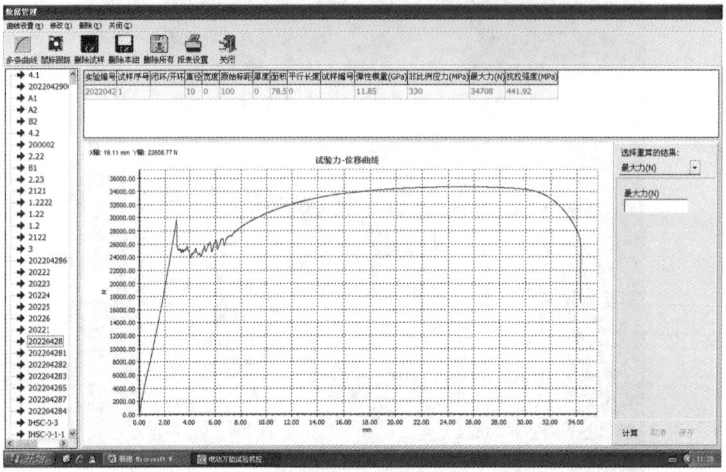

图 3-14　低碳钢拉伸四个阶段曲线

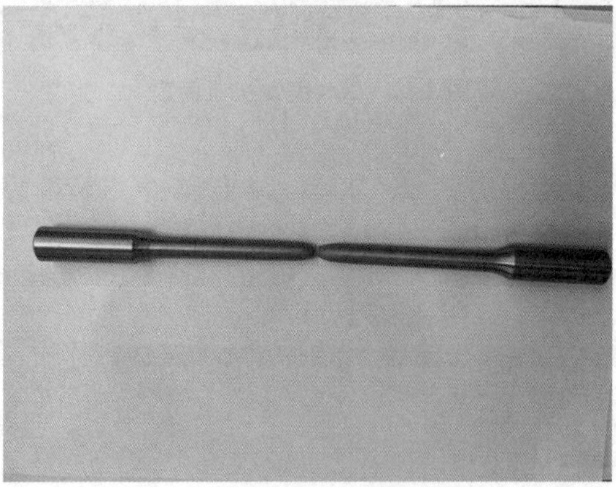

图 3-15　低碳钢拉伸破坏形态

(11)计算伸长率。

取下断裂后的试件,将断裂试件的两端对齐尽量压紧,用游标卡尺测量断后的标距 L_1,如图 3-16 所示。当断口在标距长度的中央 1/3 区域内时,可用卡尺直接测出拉断后的标距 L_1,当断口不在标距长度的中央 1/3 区域内时,要采用断口移中的办法(将断口借计算法移至中央),以测量试件拉断后的标距 L_1。设两标点 c 至 c_1 之间共 10 格,取左边标点 c 至断口间的格数至断口间的两倍 n'格(取整数)的 b 点,最后得 cb 段的长度为 L',

再由 b 向右取格数 n'' 至 a 点，使 $n'+2n''=10$ 格，然后量出 ba 的长度 L''，这样可以算出断裂后的标距：

$$L_1 = L' + 2L''$$

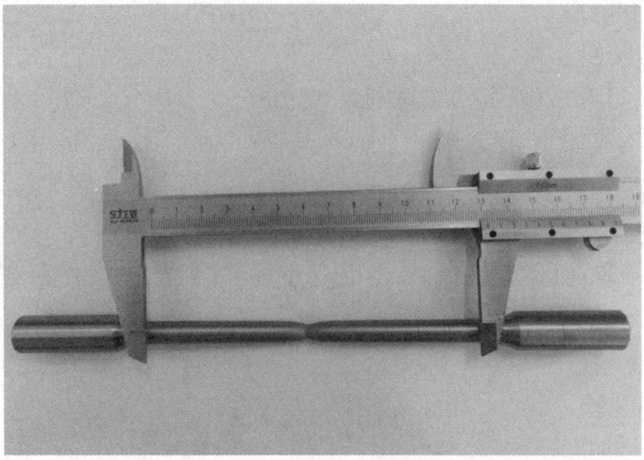

图 3-16　低碳钢拉伸试验后长度测量

将断口借计算法移中的原因：断口靠近试件两端时，在断裂试件的较短的一段上，必将受到试件头部较粗部分的影响，从而降低了颈缩部分的局部伸长量，使 δ 的数值偏小。

当断口非常靠近试件两端时，而与头部距离等于或小于直径的两倍时，试验无效，需要重做。

(12)计算截面收缩率。

将试件对齐测量断口处直径 d_1，见图 3-17，方法是在断口处两个互相垂直的直径方向各测一次，求出直径平均值，计算断口处横截面面积 A_1。

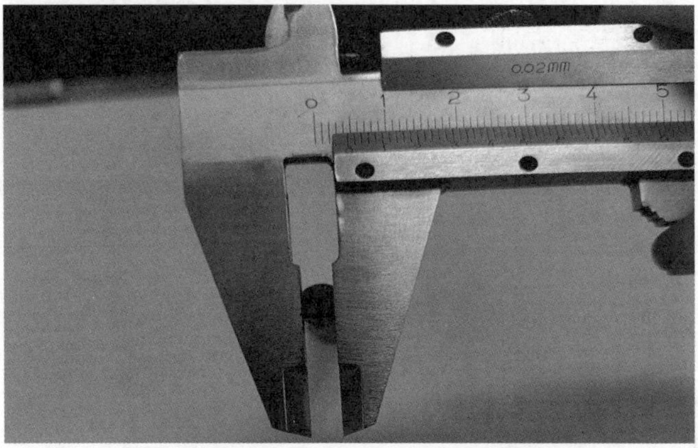

图 3-17　低碳钢拉伸实验后断口直径测量

(二)铸铁拉伸实验

(1)用游标卡尺测量标距两端及中间三个横截面处的直径，在每个横截面直径互相垂直方向各测一次，并记录，分别计算各处直径的平均值，取其中最小值作为计算试件的横截面面积 A_0。

(2)根据铸铁的强度极限 σ_b 和试件横截面面积 A_0,估算试件的最大荷载:

$$P_b = \frac{1}{4}\pi d_0^2 \sigma_b = 0.785\sigma_b d_0^2$$

(3)开试验机和电脑。

同低碳钢拉伸实验。

(4)双击图标,打开软件,并点击联机。

同低碳钢拉伸实验。

(5)试样录入。

同低碳钢拉伸实验。

注意:试样编号非常重要,且唯一,不准有重复,实验数据会保存在该编号文件夹下,切记。

(6)参数设置。

同低碳钢拉伸实验。

(7)准备试件并加紧。

同低碳钢拉伸实验:先将试件夹持部分安装在试验机的上夹头内,再调整下夹头使之达到适当的位置上,把试件下端部安装在下夹头内,夹紧。

(8)数据清零。

同低碳钢拉伸实验:双击屏幕参数处可以清零,也可以鼠标右键单击,并清零数据。

(9)单击“实验开始”按钮,开始实验。

同低碳钢拉伸实验:切记一定要点击“实验开始”才能正式开始实验,数据采集系统才会采集数据并绘制曲线。请教师检查以上步骤的完成情况,然后点击“实验开始”按钮。

(10)实验开始后,试验机缓慢匀速加载,观察图形情况及相应的实验现象,直至试件断裂,读出最大荷载 P_b 并记录。

注意观察铸铁拉伸曲线的发展过程,并和低碳钢的线弹性、屈服、强化和颈缩破坏四个阶段曲线进行比较。

铸铁拉伸试验力-位移曲线见图 3-18,铸铁拉伸破坏形态见图 3-19。

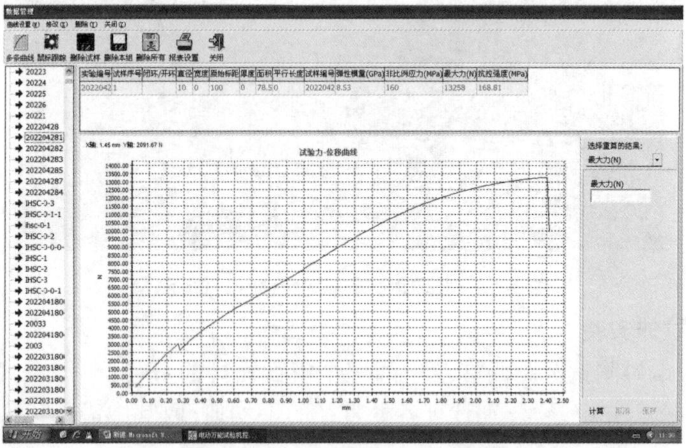

图 3-18　铸铁拉伸试验力-位移曲线

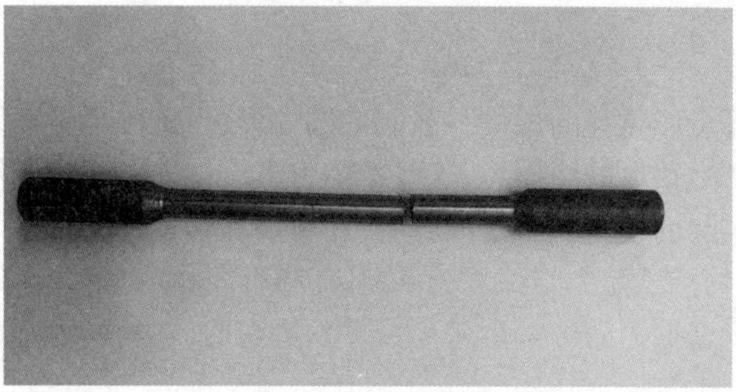

图 3-19　铸铁拉伸破坏形态

当断口非常靠近试件两端时,实验无效,需重做试验。

六、实验结果处理

(一)低碳钢拉伸实验

(1)根据实验记录计算低碳钢的屈服极限 σ_s 及强度极限 σ_b。

$$\sigma_s = P_s/A_0$$

$$\sigma_b = P_b/A_0$$

(2)根据实验前后试件的标距长度及横截面面积,计算延伸率 δ 及断面收缩率 φ。

$$\delta = \frac{L_1 - L_0}{L_0} \times 100\%$$

$$\varphi = \frac{A_0 - A_1}{A_0} \times 100\%$$

(二)铸铁拉伸实验

(1)根据实验记录计算铸铁的强度极限 σ_b。

$$\sigma_b = P_b/A_0$$

(2)整理拉伸曲线注明比例尺及相应的单位,把 P_b 标在曲线的相应处,填写实验报告。

第二节　压缩实验

一、实验目的

(1)测定压缩时低碳钢的屈服极限 σ_s 和铸铁的强度极限 σ_b。

(2)观察两种材料在压缩时的变形和破坏现象,并进行比较,分析原因。

二、实验设备

(1)微机控制电子万能试验机。

(2)游标卡尺。

三、实验原理

低碳钢和铸铁等金属材料的试件一般制成圆柱形，当试件承受压缩时，上下两端面与与试验机承垫之间产生很大的摩擦力，这些摩擦力阻碍试件上部和下部的横向变形，导致测得的抗压强度比实际的偏高，当试件的高度相对增加时，摩擦力对试件中部的影响将有所减少。因此，试件的抗压能力与试件的高度 h_0 和直径 d_0 的比值有关，压缩实验与实验条件有关。为了减少摩擦力的影响以避免试件发生弯曲，在相同的实验条件下，对不同材料的压缩性能进行比较，金属材料的压缩试件一般规定为 $1 \leqslant \frac{h_0}{b} \leqslant 3$。

压缩试件如图 3-20 所示。

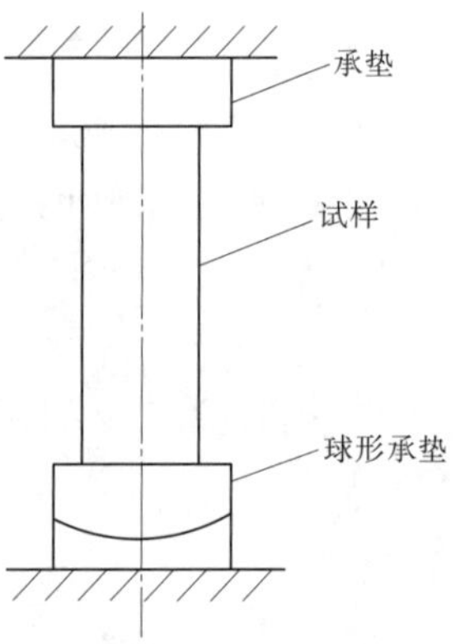

图 3-20 压缩试件

压缩实验是在电子万能试验机上进行的。为了尽量使试件承受轴向压力，试件两端面必须完全平行，并且与试件轴线垂直。

电子万能试验机附有球面座，位于试验机的下端，当试件两端面稍有不平行时，可以起到调节作用，使压力通过试件的轴线。

实验时试验机的电脑会自动绘出低碳钢和铸铁的压缩关系曲线（见图 3-21），在低碳钢的压缩曲线中，超过比例荷载 P_p 后开始出现变形增长较快的一小段，表明达到屈服荷载 P_s。屈服现象远不如拉伸时明显，所以在确定屈服荷载 P_s 时要仔细观察。在均匀缓慢加载的情况下，在试验力-时间图像中，随时间的增加，试验力均匀增加，当材料屈服时，试验力增加缓慢或者有倒退的情况，此时的荷载即为 P_s：

$$\sigma_s = \frac{P_s}{A_0}$$

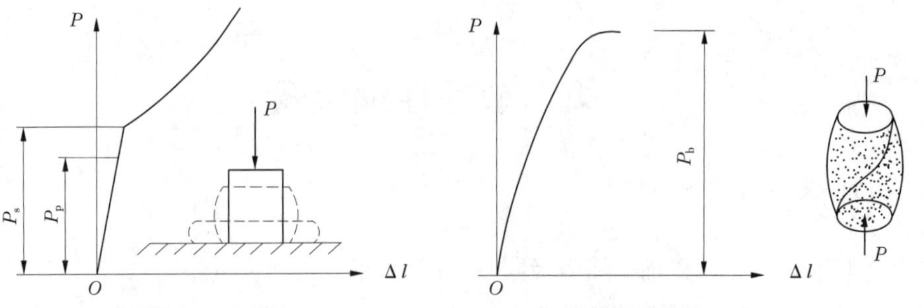

图 3-21 低碳钢和铸铁压缩关系曲线

屈服阶段过后，图形沿曲线继续上升，这是由于塑性变形迅速增大，内部晶体结构重新进行排列，试件截面面积也随之增大，相应地能承受更大的荷载，试件被压成鼓形（见图 3-22），最后被压成饼形而不破裂，所以无法测出最大荷载。铸铁试件达到最大荷载 P_b

时，就突然发生破裂，此时试验力迅速减小，读出 P_b 值，铸铁试件破坏后表面出现与轴线约成 45°的倾斜断裂面，这主要是由剪应力引起的。

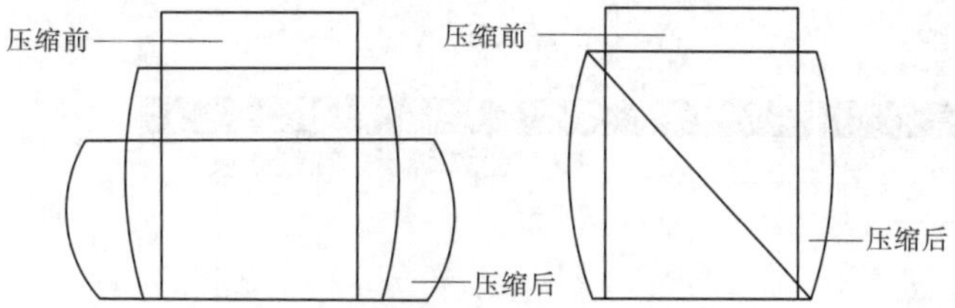

图 3-22　试件压缩前后示意图

四、实验

(一)低碳钢压缩实验

(1)用游标卡尺测量试件中间横截面的直径 d_0 并记录，在相互垂直方向各测一次，计算各处的平均值，取平均值计算截面面积 A_0(保留 3 位有效数字)。用游标卡尺测量试件高度 h_0 并记录，计算比值 $\frac{h_0}{d_0}$。

(2)根据公式 $P_{min} > \frac{1}{4}\pi d_0^2 \sigma_s = 0.785\sigma_s d_0^2$，估计最大荷载 P_{max} 的大小

(3)打开试验机和电脑。

(4)双击图标，打开软件，并点击联机。

(5)试样录入(见图 3-23)。输入试样编号和直径等相关参数。

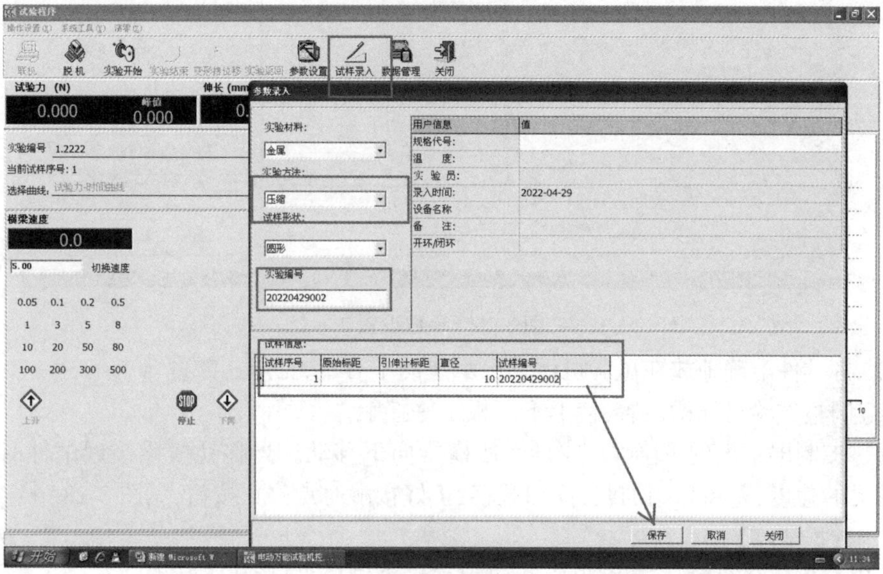

图 3-23　试样录入

注意：试样编号非常重要，且唯一，不准有重复，实验数据会保存在该编号文件夹下，

切记。

(6)参数设置(见图 3-24~图 3-26)。

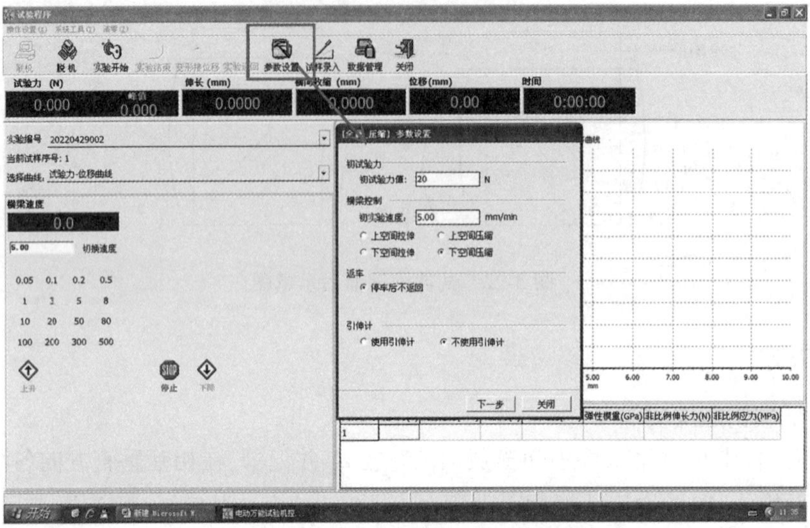

图 3-24　参数设置 1

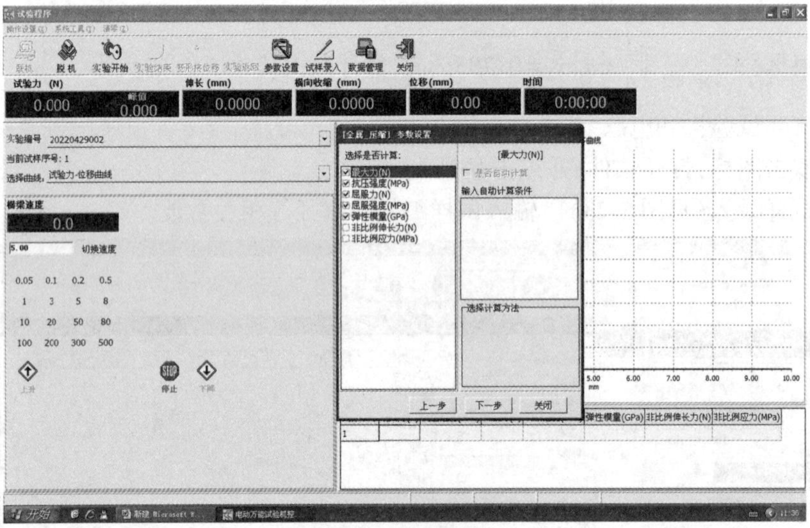

图 3-25　参数设置 2

(7)将试件准确地放在试验机活动台承垫的中心上,见图 3-27。

(8)调整试验机横梁位置,使上下压板正好接触。

调整控制屏幕上的下降"↓"图标,使横梁向下移动。当移动横梁接近试件时,减慢移动横梁的速度,避免急剧加载,仔细观察,正好接触时点停止按钮,见图 3-28。

(9)数据清零。

采用双击屏幕参数处可以清零,也可以鼠标右键单击,并清零数据。

(10)单击"实验开始",开始实验。

切记一定要点击"实验开始"才能正式开始实验,数据采集系统才会采集数据并绘制

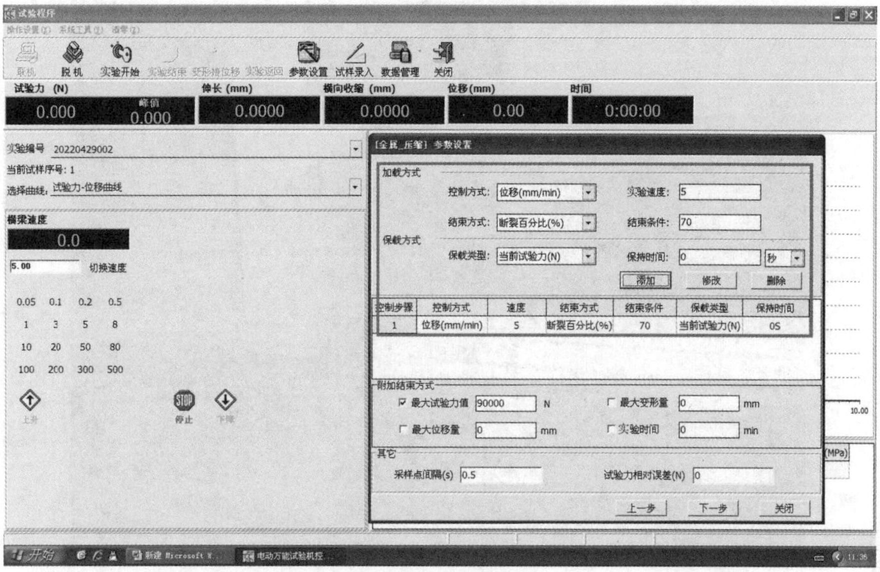

图 3-26　参数设置 3

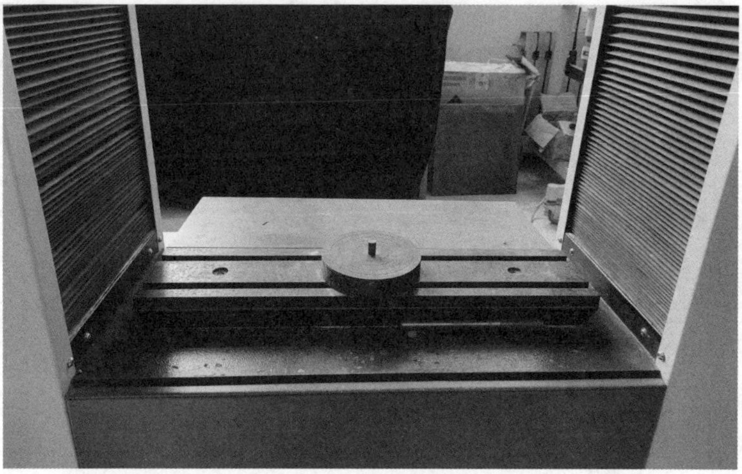

图 3-27　压缩试件放置

曲线。请教师检查以上步骤的完成情况，然后点击“实验开始”按钮。

(11)实验开始后，试验机缓慢匀速加载，观察图形情况及相应的实验现象，当试验力出现波动时，说明材料开始屈服，按要求读出屈服荷载 P_s 并记录，过屈服阶段后可用较快的速度加载，直至试件达到设定最大加载荷载，读出最大荷载 P_b 并记录。

低碳钢压缩曲线见图 3-29，压缩后变形形态见图 3-30。

注意观察低碳钢压缩曲线的发展过程，试件的变化形态。

(12)实验结束，取出试件，使试验机一切构件复原。

(二)铸铁压缩实验

(1)用游标卡尺测量试件中间横截面的直径 d_0 并记录，在相互垂直方向各测一次，计算各处的平均值，取平均值计算截面面积 A_0(保留 3 位有效数字)。用游标卡尺测量试件

图 3-28　调整上压板压头位置

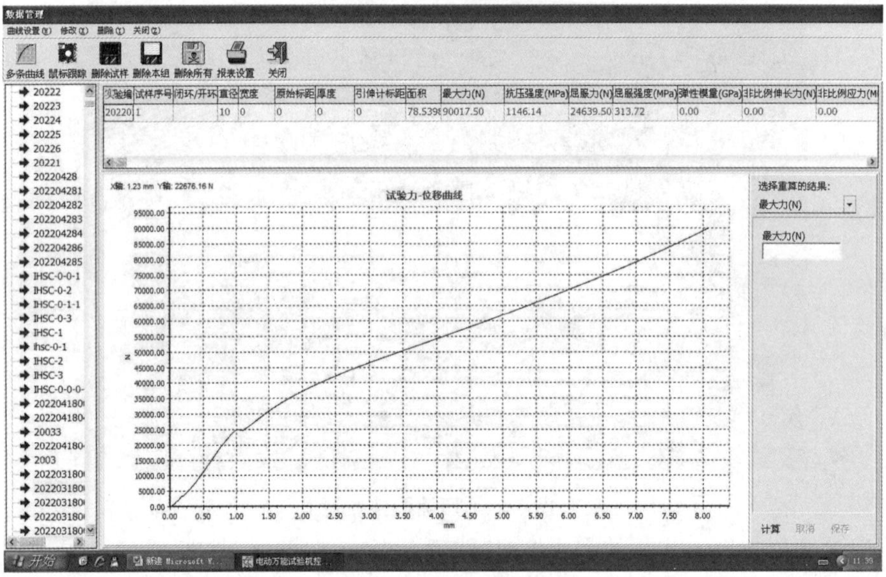

图 3-29　低碳钢压缩曲线

高度 h_0 并记录，计算比值 $\frac{h_0}{d_0}$。

(2)根据公式 $P_{\min} > \frac{1}{4}\pi d_0^2 \sigma_s = 0.785\sigma_s d_0^2$，估计最大荷载 $P_{\max}$ 的大小。

(3)打开试验机和电脑。

同低碳钢压缩实验。

(4)双击图标，打开软件，并点击联机。

同低碳钢压缩实验。

图 3-30　低碳钢压缩后变形形态

(5)试样录入。

同低碳钢压缩实验。输入试样编号和直径等相关参数。

注意:试样编号非常重要,且唯一,不准有重复,实验数据会保存在该编号文件夹下,切记。

(6)参数设置

同低碳钢压缩实验。

(7)将试件准确地放在试验机活动台承垫的中心上。

同低碳钢压缩实验。

(8)调整试验机横梁位置,使上下压板正好接触。

同低碳钢压缩实验:调整控制屏幕上的下降"↓"图标,当移动横梁接近试件时,减慢移动横梁的速度,避免急剧加载,仔细观察,正好接触时点停止按钮。

(9)数据清零

同低碳钢压缩实验。

(10)单击"实验开始"按钮,开始实验。

切记一定要点击"实验开始"才能正式开始实验,数据采集系统才会采集数据并绘制曲线。请教师检查以上步骤的完成情况,然后点击"实验开始"按钮。

(11)实验开始后,试验机缓慢匀速加载,观察图形情况及相应的实验现象,当试验力出现波动时,说明材料开始屈服,按要求读出屈服荷载(P_s)并记录,过屈服阶段后可用较快的速度加载,直至试件断裂为止,读出最大荷载 P_b 并记录。

注意观察铸铁压缩曲线的发展过程,试件的变化形态。

铸铁压缩实验试验力-位移曲线见图 3-31,压缩实验后破坏形态见图 3-32。

(12)实验结束,取出试件,使试验机一切构件复原。

五、实验结果处理

(1)根据实验记录,利用公式 $\sigma_s = \dfrac{P_s}{A_0}$($A_0$ 为原截面的面积)计算出低碳钢压缩实验的

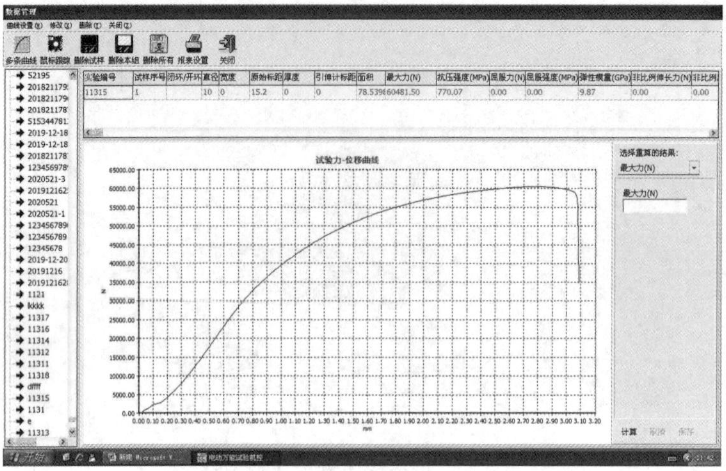

图 3-31　铸铁压缩实验试验力-位移曲线

图 3-32　铸铁压缩实验后破坏形态

屈服强度 σ_s ,利用公式 $\sigma_b=\dfrac{P_b}{A_0}$ 计算出铸铁的压缩实验的强度极限 σ_b。

(2)填写“压缩实验报告”。

第三节　扭转实验

一、实验目的

(1)在比例极限内验证胡克定律,测定剪切弹性模量。

(2)测定低碳钢的剪切屈服模量 τ_s 和剪切强度极限 τ_b 。

(3)测定铸铁的剪切强度极限 τ_b 。

(4)观察两种材料在扭转时的变形和破坏现象,并分析破坏原因。

二、实验设备

(1)扭转试验机。

(2)游标卡尺。

三、实验原理

低碳钢和铸铁的 $M-\varphi$ 曲线如图 3-33 所示。当低碳钢承受的扭矩在剪切比例极限以内时,处于弹性阶段的 OA[见图 3-33(a)],切应力和切应变服从胡克定律,即 $\tau=G\gamma$。

试件受扭时,试件表面形成塑性区,转角越大,塑性区越深入到中心, $M-\varphi$ 曲线开始平坦,到 B 点时 $M_x=M_s$,可以近似地认为当扭矩超过整个截面切应力,都达到屈服极限 τ_s。

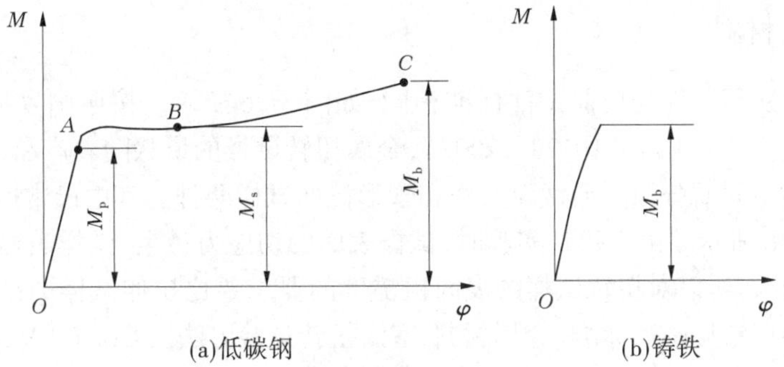

图 3-33　低碳钢和铸铁的 $M-\varphi$ 曲线

圆柱形试件在扭转时,横截面边缘上任一点处于纯剪切应力状态(见图 3-34)。由于纯剪切应力状态属于二向应力状态,两个主应力的绝对值相等,大小等于横截面上该点处的剪应力 τ, σ_1 与轴线成 45°角。圆杆扭转时横截面上有最大剪应力,而 45°斜截面上有最大拉应力,由此可以分析低碳钢和铸铁扭转时的破坏原因。由于低碳钢的抗剪强度低于抗拉强度,试件横截面上的最大剪应力引起沿横截面剪断破坏;而铸铁抗拉强度低于抗剪强度,试件由与杆轴线成 45°的斜截面上的 σ_1 引起拉断破坏。

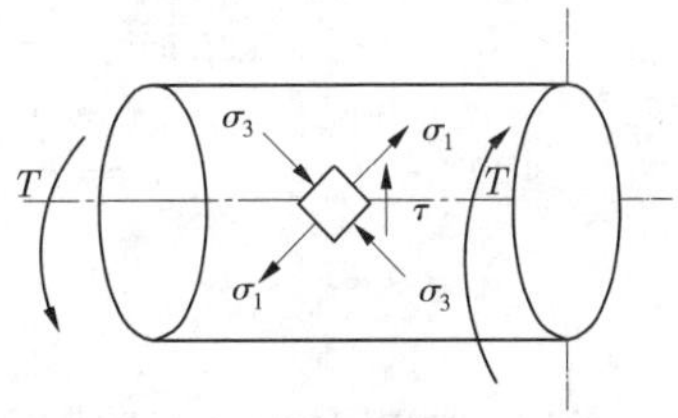

图 3-34　纯剪切应力状态

在低碳钢试件受扭过程中,通过扭矩传感器和扭角传感器进行数据采集,A/D 转换和处理,并输入计算机,得到 $T-\varphi$ 曲线(见图 3-35)。

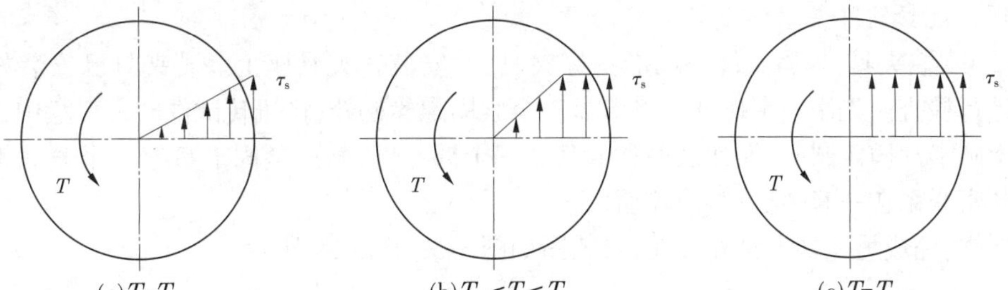

图 3-35　低碳钢受扭过程中的 $T-\varphi$ 曲线

$$M_s = \int_A \tau_s \rho \mathrm{d}A = \tau_s \int_A \rho \mathrm{d}A = \frac{4}{3}\tau_s W_n,\ \tau_s = \frac{3}{4}\frac{M_s}{W_n}$$

式中：$W_n = \frac{\pi d^3}{16}$ 变形经过 B 点以后材料开始强化，到 C 点时剪断；τ_s 近似等于 $\frac{3}{4}\frac{M_b}{W_n}$，而铸铁的 $M-\varphi$ 曲线从开始受扭直到破坏，近似认为是直线，按弹性应力公式其剪切强度极限取 $\tau_s = \frac{M_b}{W_n}$。

四、实验材料

扭转实验所用试件与拉伸试件标准相同，如图 3-36 所示。按照国家标准《金属材料 室温扭转试验方法》(GB/T 10128—2007)，金属扭转试样的形状随着产品的品种、规格以及实验目的的不同而分为圆形截面试样和管形截面试样两种。其中最常用的是圆形截面试样，如图 3-36 所示。由于扭转实验时，试样表面的切应力最大，试样表面的缺陷将敏感地影响实验结果，所以对扭转试样的表面粗糙度的要求要比拉伸试样的高。对扭转试样的加工技术要求参见国家标准《金属材料 室温扭转试验方法》(GB/T 10128—2007)。

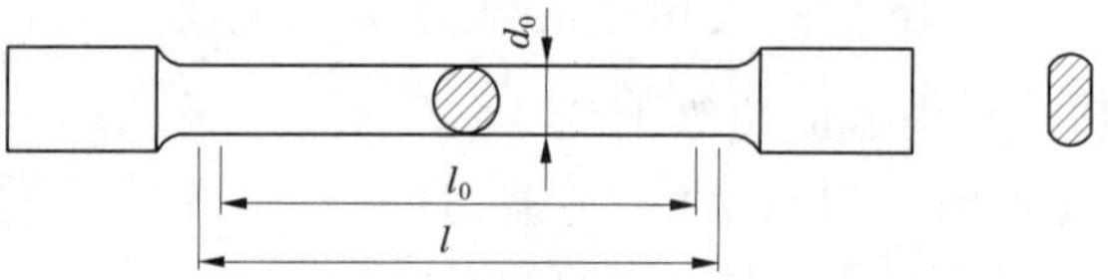

图 3-36　扭转试件

五、实验步骤及其注意事项

(1)试件准备：在试件上划出长度为 l_0 的标距线，在标距的两端及中部三个位置上，沿两个相互垂直方向各测量一次直径取平均值，再从三个平均值中取最小值作为试件的直径 d_0。

(2)试验机准备：打开设备和电脑(见图 3-37)。

按试验机→计算机顺序开机，开机后需预热 10 min 才可使用。按照《软件使用手册》，运行配套软件。

(3)安装夹具：根据试件情况准备好夹具，并安装在夹具座上。若夹具已安装好，对夹具进行检查。先用一字螺丝刀将卡盘三个紧固螺栓松开，将扭转试件放入卡盘中，并用两个半圆卡片固定圆心，保证试件和卡盘是一个同心圆，然后紧固卡盘上三个紧固螺栓，使其紧密联系在一起，能够共同转动。

同样，完成另一端卡盘和安装，安装图如图 3-38、图 3-39 所示。

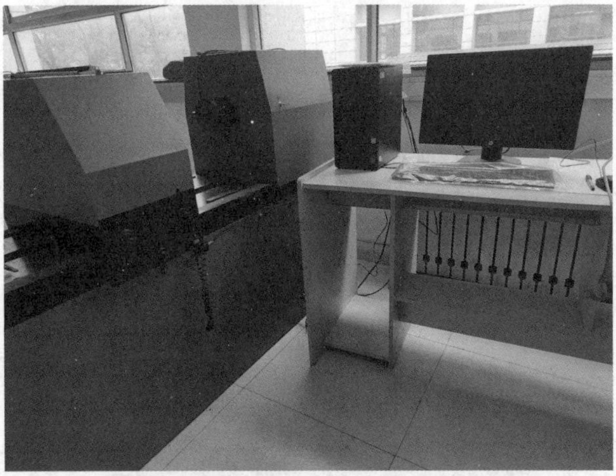

图 3-37　扭转试验机及控制电脑装置

图 3-38　安装夹具 1

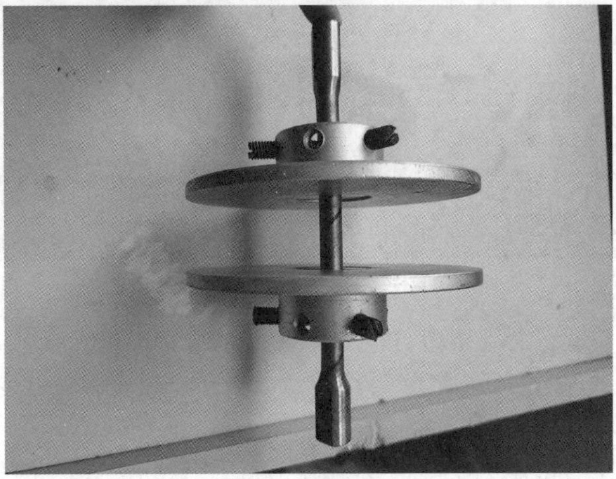

图 3-39　安装夹具 2

(4)夹持试件:先将试件一端夹持于试验机的固定夹头上,检查试验机的零点,调整试验机的活动夹头并夹紧试件的另一端。沿试件表面画一母线以定性观察变形现象。

试验机一端固定,一端旋转,夹头有一中间圆形,两端长方形卡槽,配套两个矩形夹头和一个圆形卡槽,扭转试件一端为扁形,可以通过圆形开槽深入夹头内,由两端矩形卡头夹持,由固定夹头两端螺栓紧固夹紧,同理,固定好另一端移动夹头,夹具安装过程如图 3-40～图 3-42 所示。

图 3-40　试件卡槽夹具

图 3-41　紧固螺栓

(5)开始实验:按运行命令按钮,按照软件设定的方案进行实验,见图 3-43～图 3-45。

(6)记录数据:试件断裂后,取下试件,观察分析断口形貌和塑性变形能力,填写实验数据和计算结果。

低碳钢扭转试件的扭矩-时间曲线见图 3-46,铸铁扭转试件的扭矩-扭角曲线见图 3-47,其破坏形态分别见图 3-48、图 3-49。

图 3-42　安装试件

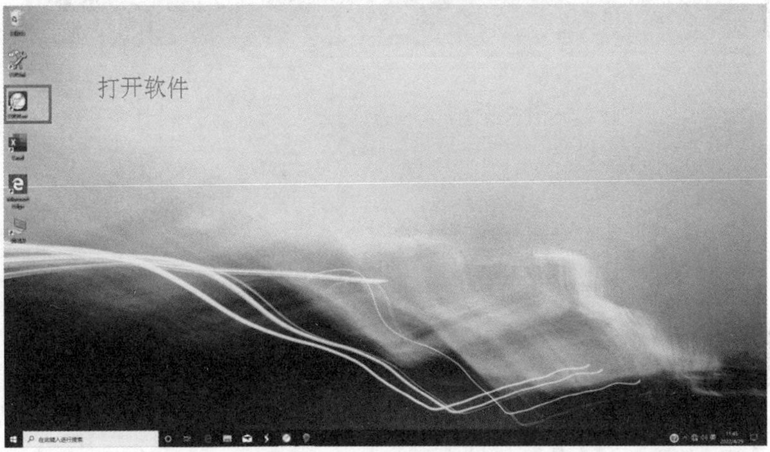

图 3-43　打开软件

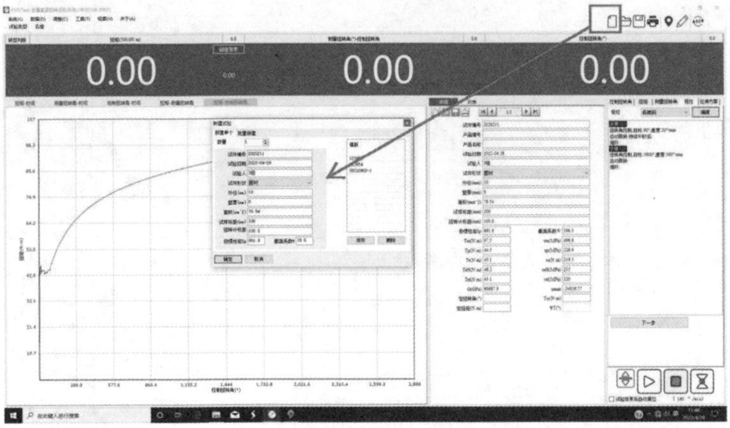

图 3-44　新建实验

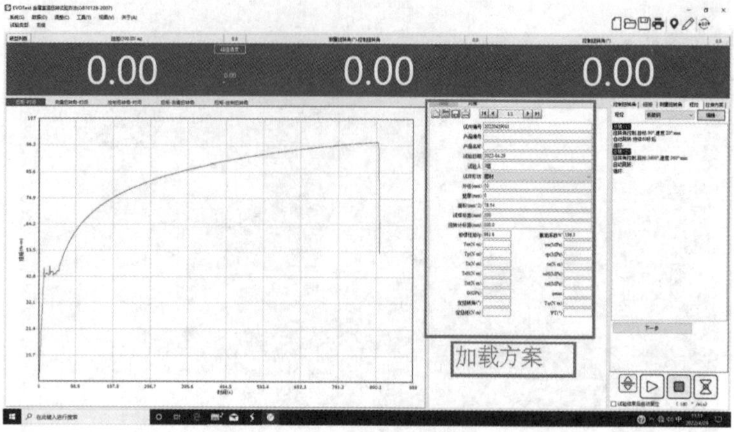

图 3-45　录入实验并设置加载方案

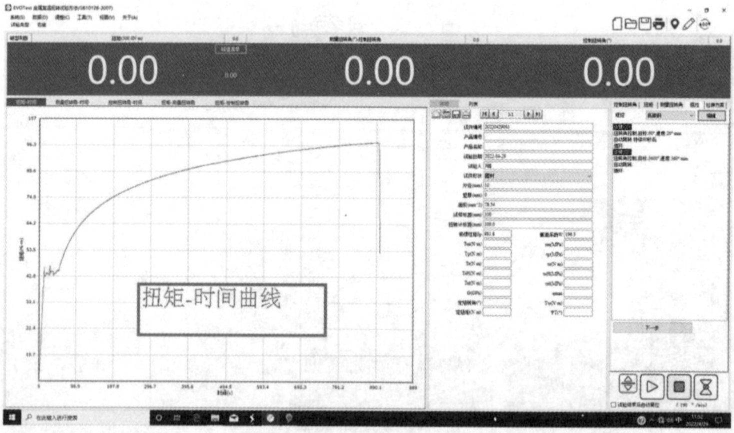

图 3-46　低碳钢扭转试件的扭矩-时间曲线

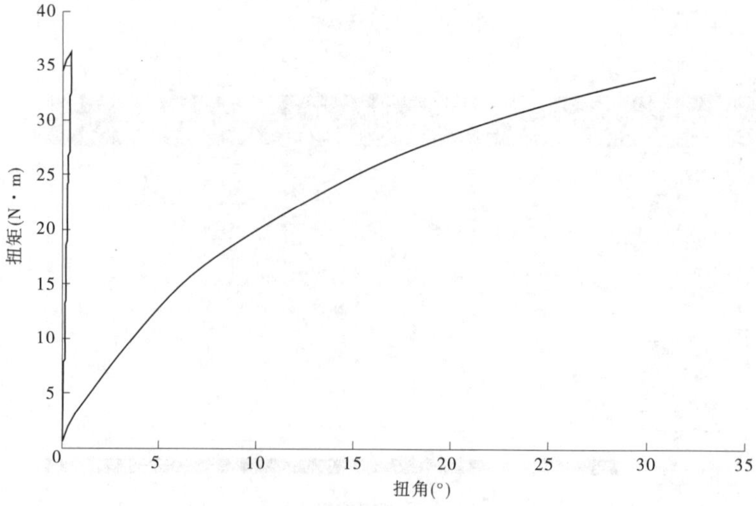

图 3-47　铸铁扭转试件的扭矩-扭角曲线

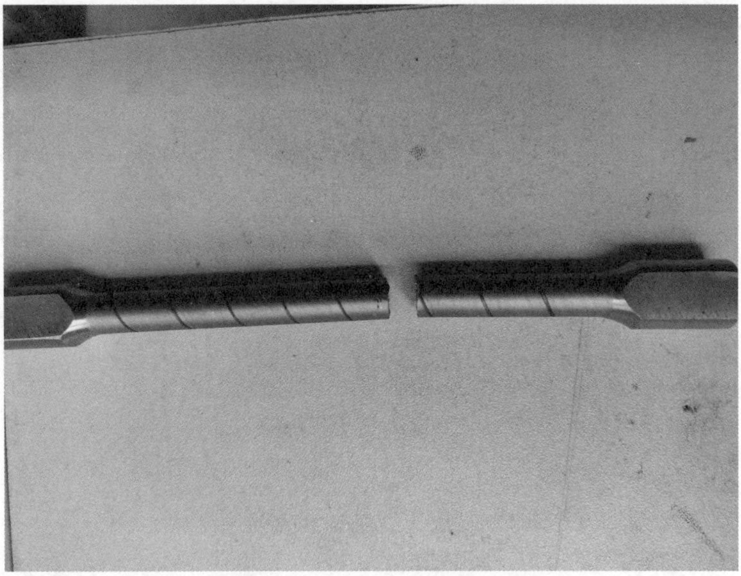

图 3-48　低碳钢扭转破坏形态

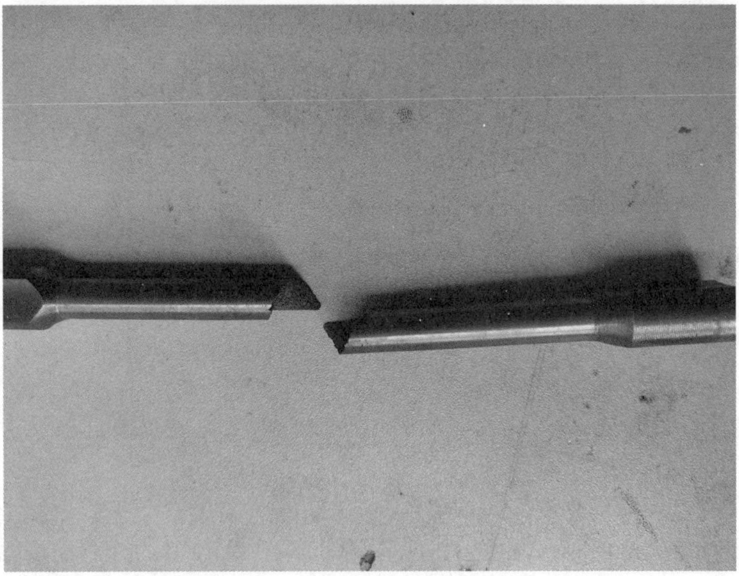

图 3-49　铸铁扭转破坏形态

六、实验结果的处理

低碳钢材料剪切屈服强度：$\tau_s = \dfrac{3T_s}{4W_p}$。

低碳钢材料剪切强度极限：$\tau_b = \dfrac{3T_b}{4W_p}$。

铸铁扭转由开始直到破坏近似一直线，其剪切强度极限因铸铁试件在断裂前呈脆性破坏,可近似应用弹性公式计算。

铸铁材料的抗切强度:$\tau_b = \frac{T_b}{W_p}$。

七、思考题

(1)比较低碳钢与灰铸铁试样的扭转破坏断口,并分析它们的破坏原因。
(2)低碳钢拉伸屈服极限和剪切屈服极限有何关系?

第四节　纯弯曲梁正应力实验

一、实验目的

(1)测定梁在纯弯曲时横截面上正应力大小和分布规律。
(2)验证纯弯曲梁的正应力计算公式。

二、实验仪器设备和工具

(1)组合实验台中纯弯曲梁实验装置。
(2)XL2118 系列静态电阻应变仪。
(3)游标卡尺、钢板尺。

三、实验原理及方法

在纯弯曲条件下,根据平面假设和纵向纤维间无挤压的假设,可得到梁横截面上任一点的正应力,计算公式为

$$\sigma = \frac{My}{I_z}$$

式中:M 为弯矩,$M = Pa/2$;I_z 为横截面对中性轴的惯性矩;y 为所求应力点至中性轴的距离。

铰支梁受力变形原理分析简图如图 3-50 所示。

为了测量梁在纯弯曲时横截面上正应力的分布规律,在梁的纯弯曲段沿梁侧面不同高度,平行于轴线贴有应变片(见图 3-51)。

实验可采用半桥单臂、公共补偿、多点测量方法。加载采用增量法,即每增加等量的荷载 ΔP,测出各点的应变增量 $\Delta\varepsilon_{i实}$,然后分别取各点应变增量的平均值 $\overline{\Delta\varepsilon_{i实}}$,依次求出各点的应力增量。

$$\sigma_{i实} = E \cdot \Delta\varepsilon_{i实} \quad (i = 1,2,3,4,5)$$

将实测应力值与理论应力值进行比较,以验证弯曲正应力公式。

四、实验步骤

(1)打开力 & 应变综合参数测试仪开关、设计好本实验所需的各类数据表格,见

图 3-52。

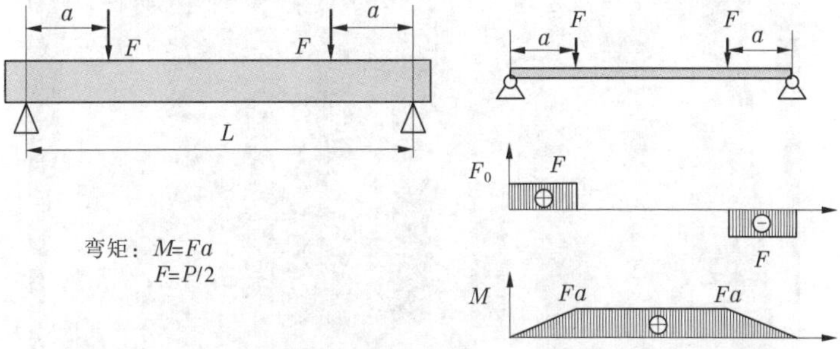

(a)纯弯曲实验装置简图　　(b)构件AB力学简化模型

图 3-50　铰支梁受力变形原理分析简图

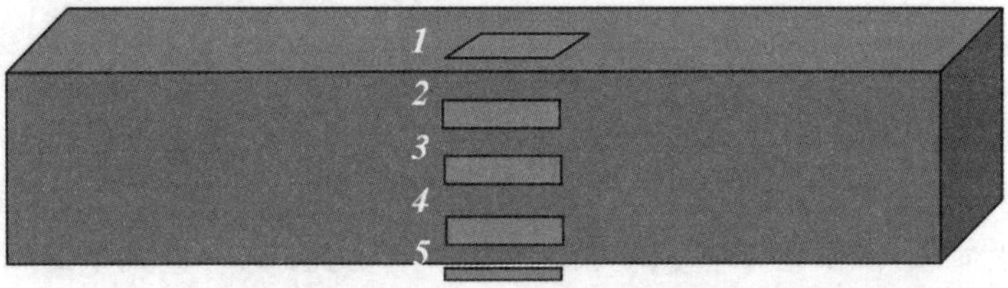

图 3-51　应变片在梁中的位置

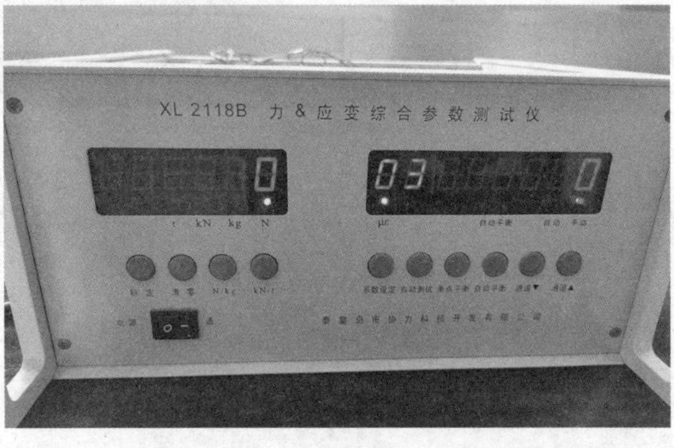

图 3-52　打开力 & 应变综合参数测试仪

(2)连接应力应变仪上电桥的连线,确定第一测点到第五测点在电桥通道上的序号,见图 3-53。

(3)检查应力应变采集仪,选择力值单位为 N,在确保纯弯曲梁空载的情况下,按清零键,使力值显示为 0,长按自动平衡键使应力显示为 0。

(4)测量矩形截面梁的宽度 b 和高度 h、荷载作用点到梁支点距离 a 及各应变片到中性层的距离y_i,见“纯弯曲梁正应力实验报告”。

(5)拟订加载方案。可先选取适当的初荷载 P_0(一般取 $P_0=10\%P_{max}$ 左右),估算 P_{max}(该实验荷载范围 $P_{max}\leqslant 4\,000$ N),分 4~6 级加载。

(6)根据加载方案,调整好实验加载装置。

图 3-53　确定测点通道编号

(7)按实验要求接好线,调整好仪器,检查整个测试系统是否处于正常工作状态。

(8)加载。均匀缓慢加载至初荷载 P_0,记录各点应变的初始读数;然后分级等增量加载,每增加一级荷载,依次记录各点电阻应变片的应变值 $\varepsilon_{i实}$,直到最终荷载。逆时针分级加载见图 3-54。实验至少重复两次,见“纯弯曲梁正应力实验报告”。

图 3-54　逆时针分级加载

(9)做完实验后,卸掉荷载,关闭电源,整理好所用仪器设备,清理实验场地,将所用仪器设备复原,实验资料交指导教师检查签字。

五、注意事项

(1)测试仪未开机前,一定不要进行加载,以免在实验中损坏试件。

(2)实验前一定要设计好实验方案,准确测量实验计算用数据。

(3)加载过程中一定要缓慢加载,不可快速进行加载,以免超过预定加载荷载值,造成测试数据不准确,同时注意不要超过实验方案中预定的最大荷载,以免损坏试件;该实验最大荷载 4 000 N。

(4)实验结束,一定要先将荷载卸掉,必要时可将加载附件一起卸掉,以免误操作损坏试件。

(5)确认荷载完全卸掉后,关闭仪器电源,整理实验台面。

第五节　压杆稳定实验

一、实验目的

(1)测定在各种支承条件下压杆的临界荷载,观察支承方式对临界荷载的影响,并与理论值比较。

(2)观察各种支承条件下压杆失稳现象及失稳时的挠曲线的形状,观察压力与轴向变形的变化规律。

二、实验设备

(1)多功能压杆实验台。
(2)计算机。
(3)数字测力仪。

三、实验原理

当细长杆受轴向压力较小时,杆的轴向变形较小,它与荷载是线弹性关系。即使给杆以微小的侧向干扰使其稍微弯曲,解除干扰后,压杆最终将恢复其原形即直线形状,如图 3-55(a)所示,原有的平衡状态是稳定的。

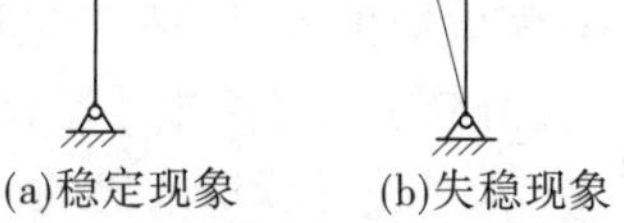

图 3-55　压杆的稳定与失稳现象

当轴向压力逐渐增大,超过某一值时,压杆受到微小的干扰后弯曲,解除干扰后,压杆不能恢复直线形状,将继续弯曲,产生显著的弯曲变形,即丧失了原有的平衡状态,所以原有的平衡状态是不稳定的。使压杆直线形态的平衡状态开始由稳定转变为不稳定的轴向压力值,称为压杆的临界荷载,用 F_{cr} 表示,如图 3-55(b)所示。

临界荷载的一般表达式(或称临界荷载的欧拉公式):

$$F_{cr}=\frac{\pi^2 EI}{\mu L}$$

式中:μ 为长度因数,支承不同 μ 值不同;E 为弹性模量,对于钢材 $E=210$ GPa。

按规定的实验步骤测出各支承条件下的临界荷载实验值并记录,观察支承方式对临界荷载的影响,观察各支承条件下的失稳现象和挠曲线形状,观察压力与轴向变形的变化规律,打印各实验曲线。由实验可发现,当荷载略超出临界荷载时,挠度急剧增加,轴向变形也随之增大,这说明了压杆失稳的危险性。

实验台采用的是螺旋加力方式,通过拧紧顶部的旋钮使丝杆顶推压头向下运动,对试件施压,压力的大小通过传感器经数字测力仪显示,压力的大小通过测力传感器经数字测力仪显示,位移由位移传感器显示。若将实验台与数字测力仪及电脑连接,就可在电脑上观察实验的曲线和测得各临界荷载的数据。

四、实验步骤

(1)首先打开电脑,运行 Critical. exe 进入主窗口。在主窗口中可选择图 3-56 所列 1、2、3、4 中任一个支承模式的压杆支承实验。例如,通过鼠标单击“1”表示选中了对应图形的支承模式 1 的压杆实验。程序将自动地设置合适的坐标值,进入实验参数设置窗口。如果不属于这四种标准支承模式的压杆实验或是其他实验装置,可单击按键“5”,这时程序不自动设置坐标默认值,而进入实验参数设置窗口。

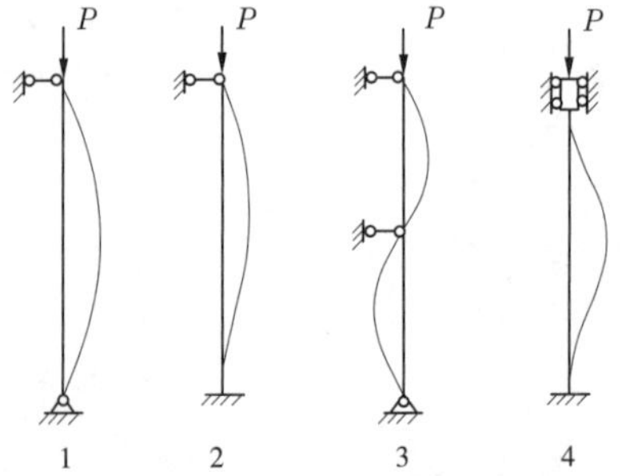

图 3-56　压杆实验的 4 种支承模式

(2)根据已给出的配件,按选好的支承模式安置好压杆实验装置,检查是否已将多功能压杆实验台与数字测力仪和电脑连接好。让位移传感器的触头与压头接触,按“in”键,若显示的数据不为零则按“zero”键置零。

(3)实验数据将以 x 和 y 坐标的满刻度来表示。如果你选择了 4 种标准模式之一,在参数设置窗口中已经给出了默认值,或者可用鼠标单击所选的坐标满刻度值,选择后单击“确认”。为了使计算机采集的荷载数据正确,可单击“校准荷载”,依照提示,先校零点,再校 500 N 即可达到校准的目的。校准后,单击“读数显示”回旋调零旋钮,使荷载显示为零,单击“确认”即可进入实验曲线窗口。

(4)从参数设置窗口转到实验曲线窗口时,其有效的菜单条目为“开始实验”和“返回”。单击“开始实验”即可缓慢加载实验,观察实验曲线,此时菜单条目中的“开始实验”隐去,“停止实验”激活,在实验过程中窗体左边显示压杆屈曲模式,即失稳时挠曲轴的形状,右边显示压力与变形的实验曲线,并测得临界荷载。当加载实验完成后,单击“停止实验”,此时“停止实验”隐去,菜单“数据存盘”“读文件曲线”“打印屏幕”“窗口转换”等数据后处理选项被激活。

(5)进入主窗口后如不想进行压杆实验,只为查看以前的实验曲线和数据,可任选一模式进入参数设置窗口，再按“确认”进入实验曲线窗口。单击“实验开始”，再单击“停止实验”，这时就可进行读文件画曲线等操作。

数据存盘：以文件方式存储当前的荷载、位移数据，供以后查阅。

读文件曲线：调出以前存盘的文件，显示实验曲线（内存中的数据将冲掉而换新）。

打印屏幕：将屏幕上的曲线和数据传递至打印机，打印出来。

五、实验结果的处理

(1)先由类比法确定第3种支承模式的长度因数 μ 及其他支承的长度因数。

(2)根据已测定试件的尺寸，由欧拉公式计算各支承下的临界荷载，并与实验值比较。

(3)分析讨论，支承方式对临界荷载的影响，并分析误差原因。

(4)自行设计实验报告的形式。

六、思考题

(1)临界荷载是在什么情况下测得的？

(2)当第4种标准支承模式中变上端为固定、下端为铰支时，其欧拉公式计算的理论值是否变化，实验值是否变化？

(3)失稳后，变形与荷载是否还是线性关系？

七、注意事项

(1)实验时注意位移传感器的触头与压头一定要接触，否则不能显示位移。连线必须确保可靠连接。

(2)最大荷载须小于3 kN，压头下移的最大行程需小于16 mm。

另外，测力传感器主值误差 $\leqslant \pm 2\%$，轴向位移测量误差 $\leqslant \pm 0.1$ mm，台体顶、底板中心偏差 $\leqslant 1$ mm，试件初弯曲 $(\delta/L) \leqslant 1/1\,000$。

第四章　其他实验

第一节　电阻应变片粘贴技术

一、实验目的

(1)初步掌握常温用电阻应变片的粘贴技术。

(2)为后续电阻应变测量的实验做好在试件上粘贴应变片、接线、防潮、检查等准备工作。

二、实验设备和器材

(1)常温用电阻应变片,每小组一包约10枚。

(2)万用表(测量应变片电阻值及绝缘阻抗)。

(3)502或501胶(氰基丙烯酸酯)。

(4)25 W电烙铁、镊子、偏口钳、剪刀、焊锡、剥线钳等工具。

(5)等强度梁试件,温度补偿块。

(6)丙酮、无水乙醇等清洗剂。

(7)测量导线、胶带若干、硅橡胶(密封用,可根据实际情况使用)。

(8)聚四氟乙烯(薄塑料)。

三、实验方法和步骤

(1)用四位电桥测量应变片电阻值(见图4-1),选择电阻值差在±0.5 Ω内的5~6枚应变片供粘贴用。

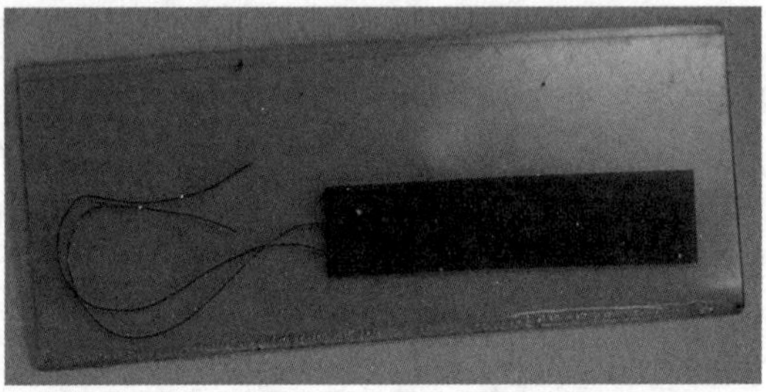

图4-1　电阻应变片

(2)将新购买或经冰箱保存的性能有效的502或501胶瓶口打一小细孔,以便只流出少量胶液。

(3)处理试件表面。

①对于钢材,要求清除表面油漆、锈斑、氧化层及油污等,黏结面平整光洁,并具有一定的粗糙度。

②对于混凝土,应除去表面浮浆层,打磨混凝土表面,贴片位置应避开孔洞、石子。

③用丙酮等清洗剂清洗干净,清洗后不得用手触摸(**注意**:使用丙酮时,要严防烟火)。

(4)确定应变片的准确位置。

在试件表面上画出测点中心线,用十字画画出(注意:要画在处理过的表面范围以外)。

(5)一手捏住应变片引出线,一手拿502胶瓶,将瓶口向下在应变对某底面上涂抹一层502胶,涂502胶后,立即将应变片底面向下平放在试件贴片部位上,并使应变片基底对准方向线,将一小片聚四氟乙烯薄膜(0.05~0.1 mm厚)盖在应变片上,用手指按应变片挤出多余502胶(注意按住时不要使应变片移动)手指保持不动约1 min后再放开,轻轻掀开薄膜,检查有无气泡、翘曲、脱胶等现象,否则需重贴。注意502胶不要用得过多或过少。过多,则胶层太厚影响应变片性能;过少,则粘贴不牢,不能准确传递应变。可事先用废片试贴练习,掌握时间和力度,如用力过大,胶几乎全部被挤出,粘结不牢,甚至压坏应变片敏感栅。此外注意不要被502胶粘住手指或皮肤,如被粘上可用丙酮泡洗掉。502胶有刺激性气味,不宜多吸入,切不要滴入眼睛。

(6)每个小组在补偿块上粘贴2片应变片,在等强度梁上粘贴5片应变片,共7片应变片。

(7)检查贴片质量。

检查内容包括:①电阻值;②绝缘电阻;③贴片位置。

用万用表检查应变片是否通路,如金属敏感栅断开则需重贴,如金属焊点与引出线脱开尚可补焊。将引出线与试件轻轻脱离。

(8)将导线塑料皮剥去约3 mm并涂上焊锡,测量导线用胶带固定在等强度梁上,使导线一端与应变片引出线靠近,然后用电烙铁将应变片引出线与测量导线锡焊,焊点要求光滑小巧,防止虚焊,再用万用表检查应变片是否通路,然后用兆欧表检查各应变片(一根导线)与试件之间的绝缘电阻,以大于200 MΩ为好。将导线编号,画布片和编号图。导线应布置整齐。

(9)防潮、防水处理。

用硅橡胶覆盖应变片区域,做防潮层,再检查通路和绝缘,将等强度梁和补偿块收存好。

(10)如果用其他胶粘剂粘贴应变片则粘贴工艺不同,应按具体情况改变。

应变片的粘贴工艺见图4-2。

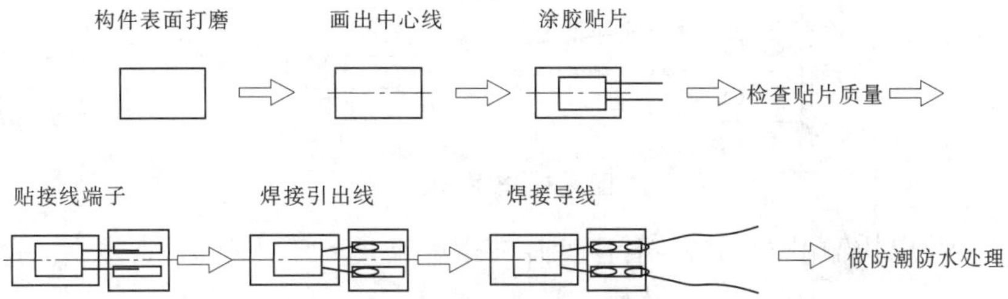

图4-2 应变片的粘贴工艺

四、注意事项

(1)测量应变阻值时,注意不要两只手都与应变片引线接触,以免将人体电阻并到应变片电阻中。

(2)焊接应变片导线时时间不要过长(一般在 3 s 左右),一次没有焊好应间隔几秒进行补焊。

(3)一定要将测量用连接导线用胶带固定好,以免将接线端子扯掉拽断应变片导线。

(4)焊接前,一定要将应变片导线上的残余胶粘剂清除干净(如用 502 胶,可直接用电烙铁短时间加热),并镀上焊锡。

(5)焊完后的电阻应变片上多余连接导线用剪刀剪掉。

第二节　电阻应变片在电桥中的接法实验

一、实验目的

(1)掌握在静荷载下使用静态电阻应变仪的单点应变测量方法。

(2)学会电阻应变片半桥、全桥接法。

二、实验仪器和设备

(1)等强度梁装置,加载砝码。

(2)静态电阻应变仪。

三、实验原理与方法

等强度梁上应变片分布如图 4-3 所示。

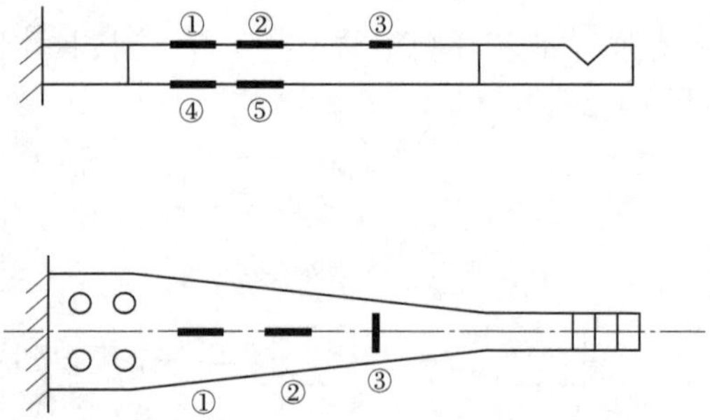

图 4-3　布片图

电阻应变片电桥输出 U 与各桥臂应变片的指示应变 ε_i 有下列关系:

$$U = \frac{EK}{4}(\varepsilon_1 - \varepsilon_2 + \varepsilon_3 - \varepsilon_4) \tag{4-1}$$

式中:ε_1、ε_2、ε_3、ε_4 分别为各桥臂应变片的指示应变;K 为应变片灵敏系数;E 为桥压。

应变片桥接示意见表 4-1。

表 4-1　应变片桥接示意图

工作模式	应用举例	桥路接法	桥盒接法	附注
1/4 桥 单片工作 二线制 单一轴向应变 拉伸或压缩	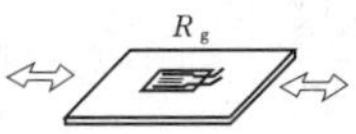	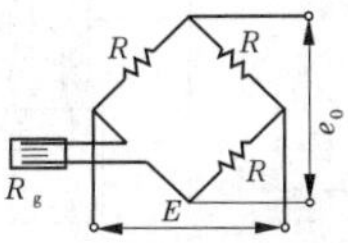	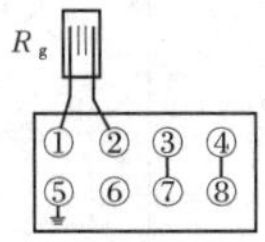	无温度补偿， 大应变需非线性补偿 $e_0=\frac{E}{4}K_s\varepsilon_0$
1/4 桥 单片工作 三线制 单一轴向应变 拉伸或压缩	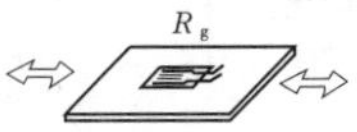	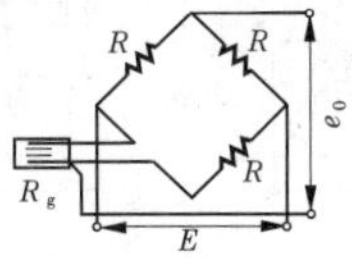	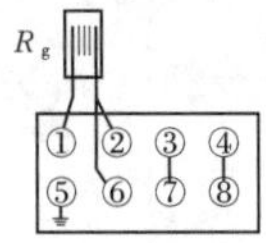	无温度补偿， 大应变需非线性补偿， 导线热效应抵消 $e_0=\frac{E}{4}K_s\varepsilon_0$
半桥 工作片 补偿片 轴向应变 拉伸或压缩	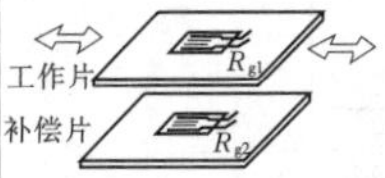	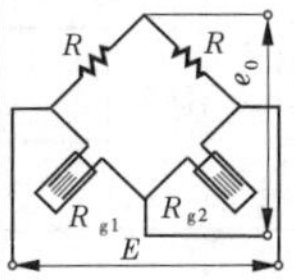	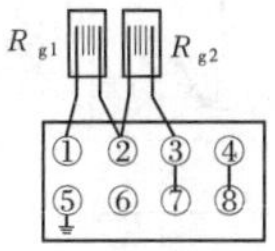	温度补偿， 导线热效应抵消 $e_0=\frac{E}{4}K_s\varepsilon_0$
半桥 双工作片 （直角） 单一轴向应变 拉伸或压缩	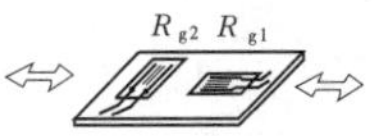	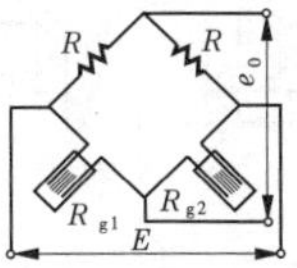	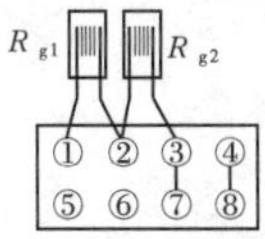	温度补偿， 导线热效应抵消 $e_0=\frac{(1+\mu)E}{4}K_s\varepsilon_0$
半桥 双工作片弯曲 应变	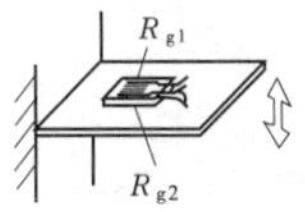	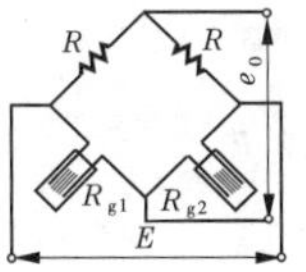	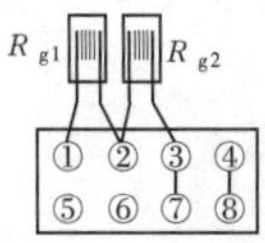	试件两侧的环境温度 变化一样时有温度补偿， 大应变需非线性补偿， 导线热效应抵消， 拉伸、压缩应变抵消 $e_0=\frac{E}{2}K_s\varepsilon_0$
半桥 对边双工作片 （三线） 单一轴向应变 拉伸或压缩	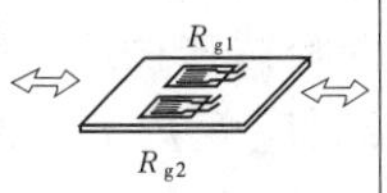	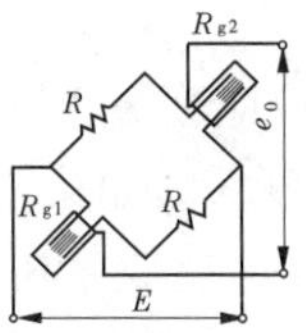	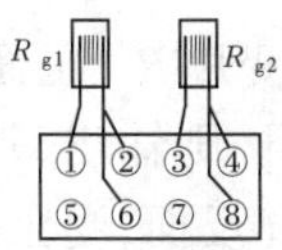	无温度补偿， 弯曲应变抵消， 大应变需非线性补偿， 导线热效应抵消 $e_0=\frac{E}{2}K_s\varepsilon_0$

续表 4-1

工作模式	应用举例	桥路接法	桥盒接法	附注
全桥 四片工作 弯曲应变测量	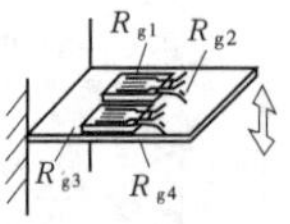	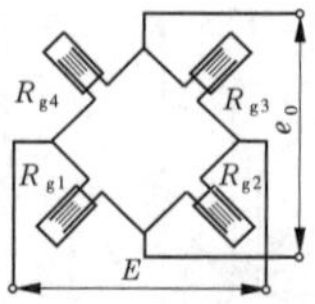	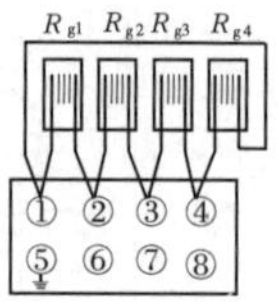	温度补偿， 压缩应变抵消， 导线热效应抵消 $e_0=EK_s\varepsilon_0$
全桥 四片工作 （直角） 单一轴向应变 拉伸或压缩	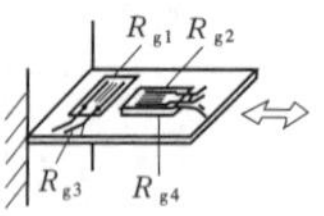	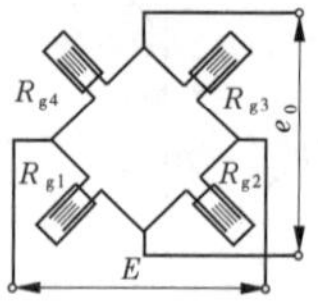	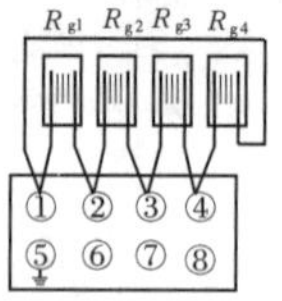	温度补偿， 导线热效应抵消 $e_0=\frac{(1+\mu)E}{2}K_s\varepsilon_0$
半桥 双片工作 扭矩应变测量	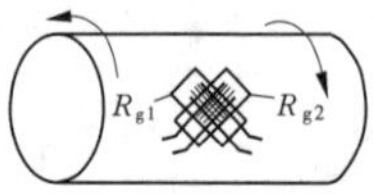	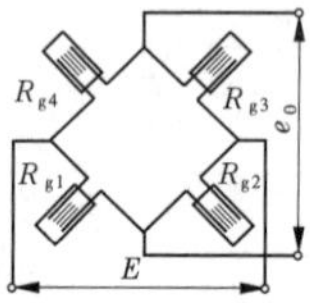	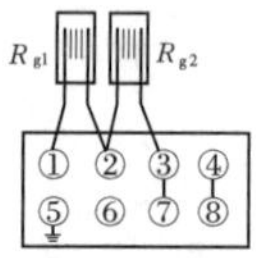	温度补偿， 导线热效应抵消 $e_0=\frac{E}{2}K_s\varepsilon_0$
全桥 四片工作 扭矩应变测量	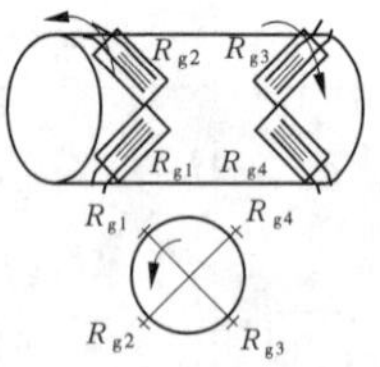	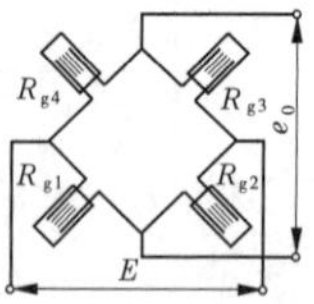	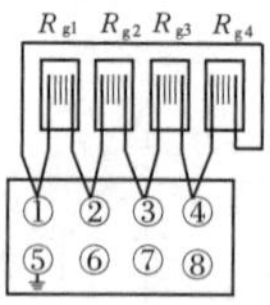	温度补偿， 导线热效应抵消， 弯曲应变抵消 $e_0=EK_s\varepsilon_0$

以上图及公式中：

R_g 为固定电阻；E 为供桥电压；e_0 为桥路输出电压；K_s 为应变片灵敏系数；ε_0 为应变值；μ 为泊松比，约 0.3。

应变和电压的关系：

$$e_0 = \frac{E}{4}K_s\varepsilon_0$$

若桥压 E=1 V，应变系数 K_s=2.00，则 $e_0=(1/2)\times\varepsilon_0$，例如应变值为 $1\ 000\times10^{-6}\varepsilon$，相当于 500 μV/V=0.5 mV/V

对于半桥接法：如应变片 R_1（正面、受拉应变 ε_1）与温度补偿片接成半桥，另外半桥为应变仪内部固定桥臂电阻，则输出只有应变 ε_1；如梁上表面应变片 R_1（正面、受拉应变 ε_1）与梁下表面应变片 R_4（反面、受压应变 ε_4）接成半桥，则输出为 $\varepsilon_1-\varepsilon_4=2\varepsilon_1(\varepsilon_4=-\varepsilon_1)$。

对于全桥接法：如应变片 R_1 和 R_2（正面、受拉）与 R_4 和 R_5（反面、受压）接成全桥，则输出为 $\varepsilon_1-\varepsilon_4+\varepsilon_2-\varepsilon_5=4\varepsilon_1(\varepsilon_4=\varepsilon_5=-\varepsilon_1=-\varepsilon_2)$。

四、实验步骤

(1)设计好本实验所需的各类数据表格。

(2)拟订加载方案。估算最大荷载 P_{max}(该实验荷载范围小于或等于 10 N)。

(3)按实验要求进行组桥接好线,调整好仪器,检查整个测试系统是否处于正常工作状态。

(4)实验加载,加砝码前。电阻应变仪进行平衡,然后加载,依次记录各点读数见表 4-2。

(5)做完实验后,卸掉砝码,关闭仪器电源,整理好所用仪器设备,清理实验现场,将所用仪器设备复原,实验资料交指导教师检查签字。

表 4-2　实验数据

桥接方式	荷载/序号	0 N	5 N	10 N	15 N	20 N
1/4 桥	1					
	2					
	3					
	平均值					
半桥	1					
	2					
	3					
	平均值					
全桥	1					
	2					
	3					
	平均值					

第三节　等强度梁静态(应变值与位移值)测定实验

一、实验目的

(1)验证等强度梁静态应变特性和梁的弯曲变形特性。

(2)熟悉掌握静态电阻应变仪的使用。

二、实验设备和仪器

(1)等强度梁实验装置。

(2)千分表及磁力表座。

(3)静态电阻应变仪。

(4)卡尺。

三、实验原理

(一)静态应变值测定实验

在等强度梁上贴上应变片,然后分级加载,分别读得加载的荷载值和相应的应变值,而后分级卸载,同样得到卸载时的荷载值和应变值,重复几次;以横坐标代表荷载值,纵坐标代表相应的应变值,则可获得加载特性曲线和卸载特性曲线,如图 4-4 所示。

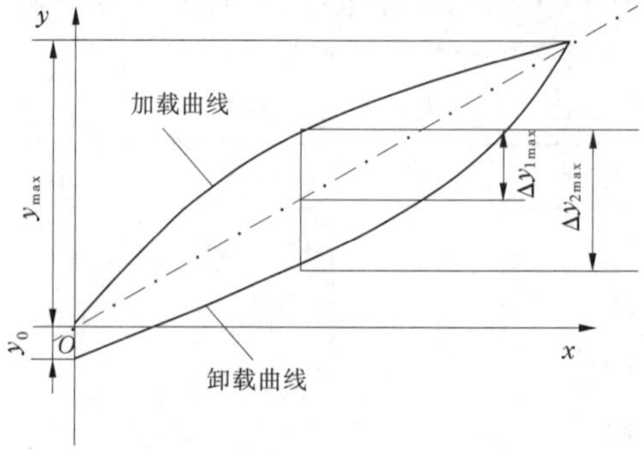

图 4-4　加载特性曲线和卸载特性曲线

由这些特性可获得如下基本概念:

(1)线性和非线性。

若加载值和读数值成比例,称为线性。若加载值和读数值不成比例,则为非线性。其非线性度为

$$\delta_1 = \frac{\Delta y_{1max}}{y_{max}} \times 100\% \tag{4-2}$$

式中:Δy_{1max} 为加载曲线和理想的拟合直线之间输出量(应变量)最大差值;Δy_{max} 为输出的满量程。

(2)滞后特性。

当卸载特性曲线和加载特性曲线不重合时,称为机械滞后,其滞后误差为

$$\delta_2 = \frac{\Delta y_{2max}}{y_{max}} \times 100\% \tag{4-3}$$

式中:Δy_{2max} 为加载曲线和理想的拟合直线之间输出量(应变量)最大差值。

拟合静态标定曲线,根据线性要求,建立线性方程:

$$y = a + bx \tag{4-4}$$

根据回归分析法求出标定系数 a 和 b:

$$a = \frac{\sum x_i^2 \sum y_i - \sum x_i \sum x_i y_i}{n \sum x_i^2 - \left(\sum x_i\right)^2} \tag{4-5}$$

$$b=\frac{n\sum x_iy_i-\sum x_i\sum y_i}{n\sum x_i^2-\left(\sum x_i\right)^2} \tag{4-6}$$

式中：x_i 为加载读数值；y_i 为相应的应变读数值。

（二）位移值（挠度值）的测定实验

在等强度梁有效工作范围内任意位置上放置一千分表（配磁力表座），通过砝码加载使等强度梁产生变形，通过千分表读取测试点弯曲变形量（位移值或挠度值）。理论值计算可通过公式：

$$f(x)=\frac{Px^2}{6EI}(3l-x) \tag{4-7}$$

四、实验步骤

（1）设计好本实验所需的各类数据表格。

（2）测量等强度梁的有关尺寸，确定试件有关参数，见表4-3。

表4-3　试件相关参考数据

梁的尺寸和有关参数		
荷载点到固定端的距离	$l=$	mm
测试点到固定端的距离	$x=$	mm
测试点处梁的宽度	$b=$	mm
梁的厚度	$h=$	mm
弹性模量	$E=$	GPa
泊松比	$\mu=$	

（3）拟订加载方案。估算最大荷载 P_{max}（该实验荷载范围小于或等于20 N），分4级砝码加载（每级砝码5 N）。

（4）实验采用多点测量中半桥单臂公共补偿接线法。将等强度梁上选取的测点应变片按序号接到电阻应变仪测试通道上，温度补偿片接电阻应变仪公共补偿端。

（5）按实验要求接好线，调整好仪器，检查整个测试系统是否处于正常工作状态。

（6）实验加载。加砝码前，电阻应变仪进行平衡，然后逐级加载，每增加一级荷载，依次记录各点应变仪的读数，直至终荷载。实验至少重复3次，见表4-2、表4-4。

（7）做完实验后，卸掉砝码，关闭仪器电源，整理好所用仪器设备，清理实验现场，将所用仪器设备复原，实验资料交指导教师检查签字。

表 4-4　实验数据

荷载	应变仪读数				位移测试值			
5 N	1	2	3	平均值	1	2	3	平均值
10 N	1	2	3	平均值	1	2	3	平均值
15 N	1	2	3	平均值	1	2	3	平均值
20 N	1	2	3	平均值	1	2	3	平均值

五、实验数据处理

(一)静态应变线性误差和滞后性误差分析

线性误差：

$$\delta_1 = \frac{\Delta y_{1\max}}{y_{\max}} \times 100\% \tag{4-8}$$

滞后性误差：

$$\delta_2 = \frac{\Delta y_{2\max}}{y_{\max}} \times 100\% \tag{4-9}$$

(二)位移值(挠度值)误差分析

理论值计算：

$$f(x) = \frac{Px^2}{6EI}(3l - x) \tag{4-10}$$

误差：

$$\delta_3 = \frac{f_{理} - f_{实}}{f_{理}} \times 100\% \tag{4-11}$$

六、思考题

(1)测量单一内力分量引起的应变,可以采用哪几种桥路接线法?

(2)分析各种桥路接线方式中温度补偿实现的方式?

(3)对测量结果进行分析讨论,误差的主要原因是什么?

第四节　回弹法测混凝土强度实验

一、实验原理

回弹法是用以弹簧驱动的重锤,通过弹击杆(传力杆),弹击混凝土表面,并测出重锤被反弹回来的距离,以回弹值(反弹距离与弹击锤冲击长度之比)作为与强度相关的指标,来推定混凝土强度的一种方法。由于混凝土的抗压强度与其表面硬度之间存在某种相关性,而回弹仪的弹击锤被一定的弹力打击在混凝土表面上,其回弹高度(通过回弹仪读得回弹值)与混凝土表面硬度成一定的比例关系。根据表面硬度则可推求混凝土的抗压强度。

二、实验目的

(1)掌握用回弹仪测定混凝土强度的基本方法与实际操作。
(2)推定试件的混凝土强度值。
(3)掌握测定钢筋混凝土构件钢筋位置和保护层厚度的基本方法和实际操作。
(4)根据检测结果计算钢筋混凝土实验构件的承载力。

三、实验仪器

混凝土回弹仪、钢筋位置探测仪、直尺、粉笔、1%的酚酞酒精试剂。

四、实验方法

用回弹仪测定混凝土的强度。

选择实验用钢筋混凝土构件平面尺寸较大的面作为测试面,记录测试面为构件浇筑的哪一面。将测试面向上平放在一平坦地面上,用粉笔在测试面上画线,均匀布置10个测区。

测试时,回弹仪垂直向下冲击混凝土表面,回弹仪与测试面应保持垂直。冲击后应按住按钮再拿起回弹仪读出该次回弹的数据,并记录完成一个测点的测试工作。每测区有16个测点,测区内测点应分布均匀,测点的间距不小于3 cm,最外侧测点距离边缘大于2 cm。

测得的数据分别剔除3个最大值和3个最小值,以剩余10个检测值的平均值作为该测区回弹值。

混凝土碳化深度根据混凝土的养护时间,可用1%的酚酞酒精试剂喷到混凝土表面,观察颜色的变化,以此计算碳化深度。

五、实验记录及数据处理

回弹法检测混凝土抗压强度记录见表4-5。

六、问题讨论

(1)回弹时为什么需要记录弹击方向和弹击面?
(2)测量试件截面的宽度和高度时的位置和数量?

表 4-5　回弹法检测混凝土抗压强度记录

检测部位					设计强度				混凝土类别				浇筑日期						检测日期					
构件名称	测试编号	回弹值 R_i																	角度修正值	角度修正后	浇筑面修正值	浇筑面修正后	平均碳化深度/mm	测区强度/MPa
		1	2	3	4	5	6	7	8	9	10	11	12	13	14	15	16	R_m						
钢筋混凝土梁	1																							
	2																							
	3																							
	4																							
	5																							
	6																							
	7																							
	8																							
	9																							
	10																							
强度统计/MPa	$n=$　10					$m_{fcu}=$						$S_{fcu}=$							$f_{cu,min}=$				$f_{cu,e}=$	
测面状态	表面			干 湿		测试角度		水平　° 向上　° 向下　°				回弹仪	编号： 率定值：						备注：					

第五节　混凝土无损检测实验

一、实验仪器

2SCANLOG 型钢筋定位仪一台，ZC3-A 型回弹仪一台，超声波检测仪一台，电源、导线若干，插座一个。

二、基本原理

(一) 钢筋定位仪

钢筋定位仪能快速简便地确定钢筋的位置，检测钢筋的直径和混凝土保护层的厚度，目前广泛应用于钢筋混凝土结构的无损检测。

电磁感应及涡流原理当穿过闭合线圈时，线圈某种非静电力时，金属内部就会出现感应电流，这种电流就叫涡流。由于多数金属的电阻很小，因此不大的非静电力往往可以激起很大的涡流。电磁感应及涡流原理是钢筋定位仪检测的理论基础。

(二)仪器的工作原理

钢筋定位仪由主机及探头组成。根据电磁感应原理,由主机的振荡器产生频率和振幅稳定的交流信号,送入探头的激磁线圈,在线圈周围产生交变磁场,引起测量线圈出现感应电流,产生输出信号。当没有铁磁性的物质进入磁场时,由于测量线圈的对称性,此时输出信号最小,当探头逐渐靠近钢筋时,探头产生交变磁场在钢筋内激发出涡流,而变化的涡流又反过来激发变化的电磁场,引起输出信号值慢慢增大。探头位于钢筋正上方,且其轴线与被测钢筋平行时,输出信号值最大,由此定出钢筋的位置和走向,当不考虑信号的衰减时,测量线圈输出的信号值 E 是钢筋直径 D 和探头中心至钢筋中心的垂直距离 y,以及探头中心至钢筋中心的水平距离 x 的函数。可表示为

$$E=f(D,x,y) \tag{4-12}$$

探头位于钢筋正上方时,$x=0$,此时可简单地表示为

$$E=f(D,y) \tag{4-13}$$

因此,当已知钢筋直径时,根据信号值 E 的大小,便可以计算出 y,从而得出保护层厚度 $H=y-D/2$。由 $E=f(D,y)$ 可知,E 是一个二元函数,要测出 D,必须测量两种状态下的信号值 E,建立方程组 $E_1=f(D_1,y_1)$,$E_2=f(D_2,y_2)$,目前主要通过下面两种方法来测量钢筋直径。

(1)内部切换法:探头置于钢筋正上方,轴线与被测钢筋平行,仪器自动切换测量状态测量两次,得出直径测量值。该方法无须变换探头位置,减少了产生误差的环节,快捷方便容易操作。

(2)正交测量法:探头置于钢筋正上方,轴线与被测钢筋平行、垂直时各测一次,得出直径测量值。该方法因测量过程中变换位置引入了两次测量误差。

(三)检测步骤

用钢筋定位仪检测时的工作步骤可简单表示为:

(1)开机,设定工作参数。按“on/off”键,显示仪器型号、序列号、软件版本、自动检测OK、电池剩余寿命。设置钢筋直径编号、保护层下限值、临近钢筋影响的修正、语种、基本设置、数据输出、数字显示方式、钢筋扫描方式、保护层灰度显示方式,移动↑或↓键选择菜单项,按 start 进入菜单项,按 end 回到测试界面。

(2)预设钢筋的直径,如瑞士 proceq 公司的 profoimeter5 钢筋定位仪预设 $D=16$ mm。移动探头定出钢筋的位置及走向,在混凝土表面上做标记。

(3)将探头置于钢筋的正上方,探头轴向与钢筋走向一致,测出钢筋的直径 D。

(4)重新输入 D 值,同样将探头置于钢筋的正上方,探头轴向与钢筋走向一致,便可以准确测出保护层的厚度 H。

(四)回弹仪测强度

回弹法是用弹簧驱动的一个重锤,通过弹击杆传力杆,弹击混凝土表面,并测出重锤被反弹回来的距离,以回弹值反弹距离与弹簧初始长度之比作为与强度相关的指标,以此来推定混凝土强度的一种方法,常用回弹仪如图 4-5 所示。

当重锤被拉开冲击前的起始状态时，假设重锤质量为1，若弹簧的拉伸长度等于 L，则这时重锤所具有的势能 e 为

$$e = 1/2E_sL^2 \tag{4-14}$$

式中：E_s 为拉力弹簧的刚度系数；L 为拉力弹簧的起始长度。

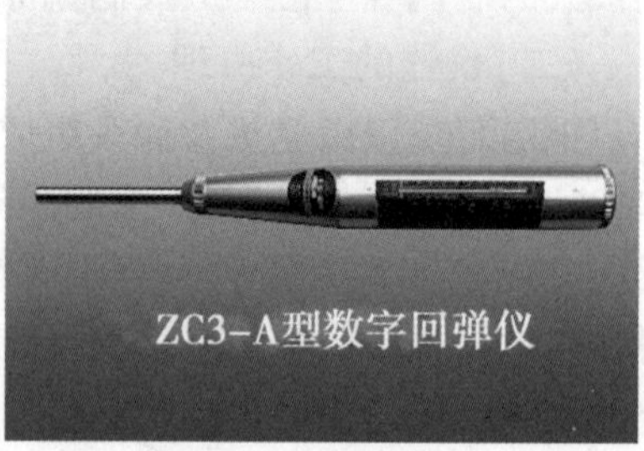

图 4-5　回弹仪

混凝土按冲击后产生瞬时弹性变形，其恢复力使重锤回弹，当重锤被回弹到位置时所具有的势能 e_x 为

$$e_x = 1/2E_sx^2 \tag{4-15}$$

所以重锤在弹击过程中，所消耗的能量 Δe 为

$$\Delta e = e - e_x \tag{4-16}$$

将式(4-14)、式(4-15)代入式(4-16)得

$$\Delta e = e[1 - (x/L)^2] \tag{4-17}$$

令 $R = x/L$，在回弹仪中，L 为定值，所以 R 与 x 成正比，称为回弹值。将 R 代入得

$$R = \sqrt{1 - \Delta e/e} = \sqrt{e_x/e} \tag{4-18}$$

从式(4-18)中可知，回弹值等于重锤冲击混凝土表面后剩余的势能与原有势能之比的平方根。简言之，回弹值是重锤冲击过程中势能损失的反映。能量主要损失在以下几个方面：

(1)混凝土受冲击后产生塑性变形所吸收的能量。

(2)混凝土受冲击后产生振动所消耗的能量。

(3)回弹仪各结构之间的摩擦所消耗的能量。

在具体实验中，构件应该有足够的厚度，上述两项应尽可能使其固定于某一统一的条件。

例如，对较薄的试件进行加固，以减少振动，使冲击能量与仪器内摩擦损耗尽量保持统一等。

根据以上分析可以认为，回弹值通过重锤在弹击混凝土的前后能量变化，既反映了混凝土的弹性性能，也反映了混凝土的塑性性能，和混凝土强度有必然的关系，所以可以建立混凝土强度与回弹值的相关关系方程式，即测强曲线。通常，由于碳化的混凝土表面硬度增大，使测量的回弹值偏高，且碳化程度不同对回弹值的影响程度也不同。大量的研究和现场测试表明，碳化深度能在相当程度上反映包括混凝土龄期和混凝土所处的环境在内的综合影响，所以应把碳化深度也作为测量曲线的另一个参数。

(五)超声波法测强度

声速即超声波在混凝土中的传播速度。它是混凝土超声波检测中的一个主要参数。混凝土的声速与混凝土的弹性性质有关，也与混凝土的内部结构孔隙、材料组成有关。不同组成的混凝土，其声速也各不相同，一般来说，弹性模量越高，其内部越是致密，其声速也越高。而混凝土的强度也与它的弹性模量、孔隙率密实性有密切的关系。因此，某种意义上，超声波速与混凝土强度之间存在相关关系。

(六)超声回弹综合法

1. 原理

超声回弹综合法是利用回弹法测定混凝土表面硬度,即回弹值,同时利用超声仪测定超声波在混凝土中的声速值,根据回弹值和声速值推定混凝土的强度。由于超声声速值反映了混凝土的内部密实度,而且混凝土强度的不同,其结构密实度也不同,因此可以完全建立超声声速值与混凝土抗压强度之间的相关关系式。由于声速值与回弹值综合后,原来对超声声速与回弹值有影响的因素,都不像没有原来单一方法时那么显著,这就扩大了超声回弹综合法的适应强度范围,提高了测试精度。

2. 超声回弹综合法的基本检测方法

1)回弹值的检测与计算

(1)回弹值的测量。

用于综合法测强的回弹仪,必须是处于标准状态,并于钢砧上率定值为10的仪器。用回弹仪测定时,宜使仪器处于水平状态测定混凝土浇筑侧面。如不能满足这一要求,也可能非水平状态测试混凝土的浇筑顶面或底面,但其回弹值应进行修正。测点宜在侧区范围内均匀分布,并不弹击在气孔或外漏的石头上,同一测点只允许弹击一次,相邻两测点的间距一般不小于测点离试块边缘的距离。回弹仪的轴线方向与测试面相垂直。

(2)回弹值的计算。

计算测区平均回弹值时,应将从该测区的两个测试面16个回弹值中,分别剔除3个最大值和3个最小值,然后将剩余10个回弹值的平均值作为该试块的回弹值 R_m。

$$R_m = \sum_{i=0}^{10} R_i/10 \tag{4-19}$$

式中:R_m 为测区或试块平均回弹值,计算精确至0.1;R_i 为第 i 个回弹值。

2)超声声速值的测量与计算

(1)超声声速值的测量。

超声仪必须是符合技术要求并具有质量检查许可证。超声测点应布置在回弹测区的同一测区。为了保证换能器与测试面之间有良好的声耦合,采用凡士林作为耦合剂,发射和接收换能器应在同一轴线上,测点布置如图4-6所示。

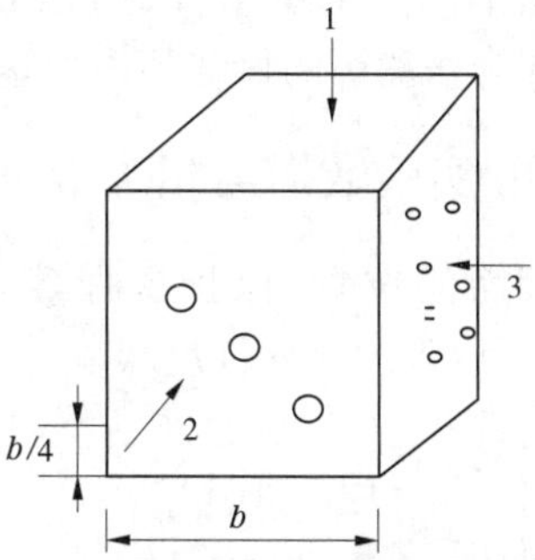

1—浇筑方向;2—超声测试方向;3—回弹测试方向

图4-6 测点布置

(2)超声声速值的计算。

测试后得到一组试块声速值,取平均值,保留小数点后1位数字,然后除以声通路的距离即试块两测试面间的距离,即可得到声速值,并保留小数点后2位数字。

$$v_a = l/t_m \tag{4-20}$$

$$t_m = (t_1 + t_2 + t_3)/3 \tag{4-21}$$

式中:v 为试块声速值;l 为超声测距;t_m 为测区或试块平均声速值;t_1、t_2、t_3 为测区中3个测点的声速值。

三、内容与方法

(1)利用钢筋定位仪检测结构构件(柱)钢筋的位置、保护层厚度、钢筋的直径。测量钢筋的位置、保护层厚度、钢筋的直径均是在剔除表面抹灰部分后,借助仪器实施。由于部分位置发生浇筑偏移(保护层太厚)或表面难以进行打平操作(梁),造成在现有条件下无法对保护层厚度和钢筋的直径进行测量,只测量了钢筋的位置。

(2)运用超声回弹综合法测试柱、梁的强度,借助于混凝土试块的抗压强度和非破损参数间的相关关系建立的曲线,即超声回弹综合法测强度曲线,再根据实际的回弹和超声结果推断结构混凝土的强度。在超声回弹法测试柱、梁强度的过程中,为确保一定的精度,先将每根柱子都分成 2 个测区,每个测区取 16 点回弹值。对于每个测区,可从所得的 16 个回弹值中,分别剔除 3 个最大值和 3 个最小值,余下的 10 个回弹值用于计算该测区的平均回弹值,有此所得的回弹值还要根据不同的测试条件进行相关修正,修正值即为该测区的的最终回弹值。同时在同一测区还选择 3 点,测试它们相应的超声声速值。利用以下公式分别计算平均回弹值及测区声速:

$$R_m = \sum_{i=1}^{n} R_i / n \tag{4-22}$$

式中:R_m 为测区平均回弹值;n 为测区数,试验中 n 取 10;R_i 为第 i 个测区的回弹值。

$$v = l/t_m \tag{4-23}$$

$$t_m = (t_1 + t_2 + t_3)/3 \tag{4-24}$$

式中:v 为测区声速值,km/s;l 为超声测距,mm;t_m 为测区平均声速值,km/s;t_1、t_2、t_3 为测区中 3 个测点的声速值。

由式(4-24)计算所得的平均声速值也要根据不同的测试条件进行相关修正,修正值即为该测区的最终超声声速值。

四、实验数据与相关数据分析

钢筋的位置、保护层厚度、钢筋的直径,测量内容通过附件反映。

附件一: G —⑩柱子;

附件二: E —⑧柱子;

附件三: E—⑨柱子。

(1)附件一:G—⑩柱子。

距地高度: 104 cm; 钢筋的配筋情况见图 4-7。

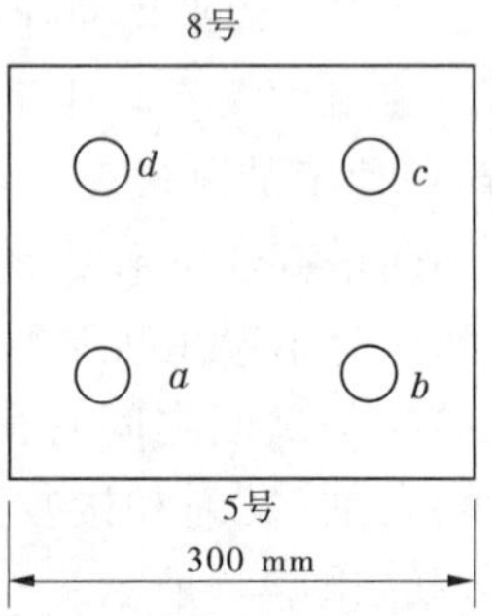

注:(1)5 号面:a 处保护层为 42 mm,钢筋直径为 28 mm;b 处保护层为 38 mm,钢筋直径为 28 mm。
(2)8 号面:c 处发生漏筋现象;
a 距左边缘 4 cm;b 距右边缘 4 cm。
柱子南北方向不方便测量。

图 4-7　钢筋的配筋情况 1

(2)附件二: E —⑧柱子。

距地高度:120 cm;钢筋的配筋情况见图 4-8。

(3)附件三:E —⑨柱子。

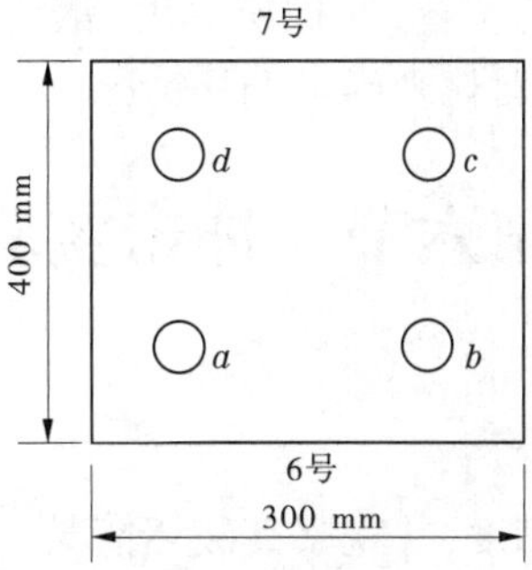

注:(1)7 号面:d 处保护层为 35 mm,钢筋直径为 20 mm;c 处保护层为 38 mm,钢筋直径为 21 mm。
(2)6 号面:发生较大偏移,造成保护层太厚,无法检测;d 距左边缘 3 cm,c 距右边缘 5 cm,b 距下边缘 3 cm,c 距上边缘 4.5 cm。

图 4-8　钢筋的配筋情况 2

距地面高度:120 cm;钢筋的配筋情况见图 4-9。

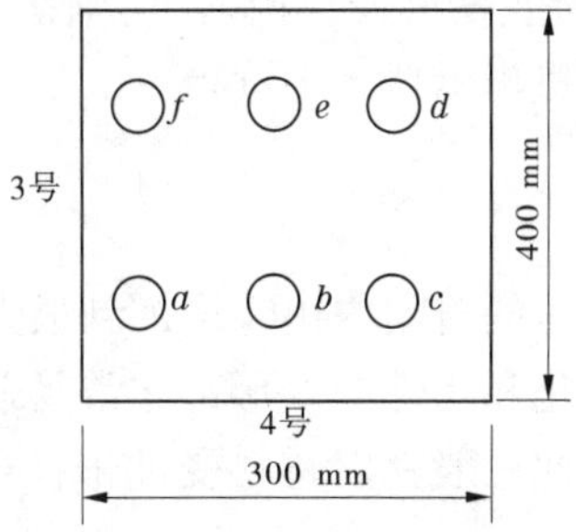

注:(1)4 号面:a 处保护层为 41 mm,钢筋直径为 22 mm; b 处保护层为 32 mm,钢筋直径为 23 mm。c 处保护层为 55 mm,钢筋直径为 26 mm。
(2)3 号面:a 处保护层为 55 mm,钢筋直径为 26 mm; f 处保护层为 41 mm,钢筋直径为 35 mm。a 距左边缘 7 cm,b 距右边缘 15 cm,c 距右边缘 6 cm,a 距下边缘 4.5 cm, f 距左边缘 3 cm。

图 4-9　钢筋的配筋情况 3

(4)柱子超声回弹检测实测数据如表 4-6 所示。

表 4-6　柱子超声回弹检测实测数据

	回弹值										超声波声时值			混凝土强度
1														
2														
3														
4														
5														
6														

注:1、2 组数据为 G—⑩柱子 5 号面、8 号面实测数据;
3、4 组数据为 E—⑧柱子 6 号面、7 号面实测数据;
5、6 组数据为 E—⑨柱子 3 号面、4 号面实测数据。

由钢筋定位仪测出的钢筋的位置、保护层厚度、钢筋的直径由图 4-7～图 4-9 可一目了然地看出，可以与实际施工图对比来确定偏移情况。

第六节　冲击实验

一、实验目的

测定低碳钢和铸铁的冲击韧度，并观察其破坏情况。

二、实验设备

JB-30A 型冲击试验机。其结构如图 4-10 所示，它是由机械挂摆、摆臂、制动机构及指示器等部分组成。由电机 1 带动皮带轮 2 使摆臂 3 上升或下降，摆臂向下回转时，杆销 4 挂住摆杆 5，同时电动机反向，摆臂带动摆锤 6，同时上升，摆锤扬起一个角度，便获得一定势能，这时按动“摆臂下降”按钮，摆臂便自由落下，则摆锤的势能便转化为动能。冲断试件 7 所消耗的功，可以从试验机指示器 8 上读得。

三、实验原理

作用在构件上的荷载，在极短的时间内由零增加到最大值，称为冲击荷载。由于荷载作用的时间很短，测量荷载的变化和构件的变形都非常复杂。但是，构件受冲击荷载而破坏时所消耗的能量容易测量，因此一般就以材料受冲击荷载破坏时所消耗能量的大小来衡量材料抵抗冲击的能力。

冲击实验装置如图 4-11 所示，摆锤自一定高度落下来，打在试件上，试件受弯而折断。摆锤冲断试件之后，摆向一边，由摆锤冲击试件的高度差和摆锤的重量，就可以从试验机度盘上直接读出它所消耗的能量 U。若试件折断处的截面面积为 A，则材料的冲击韧度

$$\alpha_k = \frac{U}{A} \quad (\mathrm{N \cdot m/cm^2}) \tag{4-25}$$

冲击试件必须按规范加工成一定的尺寸和形状，试件中部加工一个缺口，是为了保证实验时试件在此冲断。

四、实验步骤

(1)测量试件尺寸。

(2)根据能量等级，选定锤重装置摆锤。

(3)操作者将按钮盒拿在手中，应站离试验机正前方约 1 m 处安全操作，把开关扳到“开”的位置。

(4)按“摆臂下降”按钮，使摆锤扬起处于冲击前的预备位置，再将指针拨到刻度的最大处。

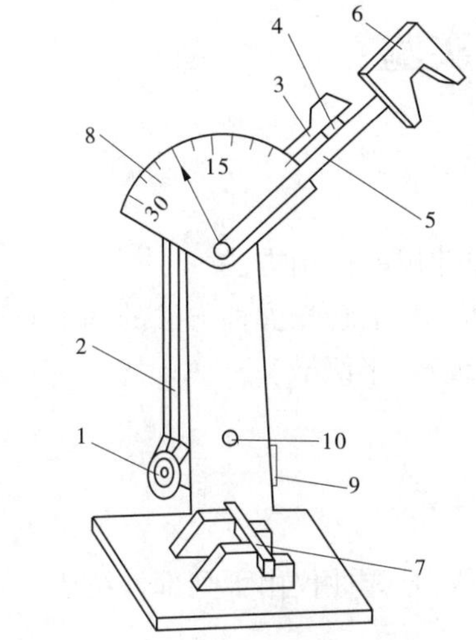

1—电机;2—皮带轮;3—摆臂;
4—杆销;5—摆杆;6—摆锤;
7—试件;8—指示器;9—电源开关;10—指示灯。

图 4-10　JB-30A 型冲击试验机结构示意图

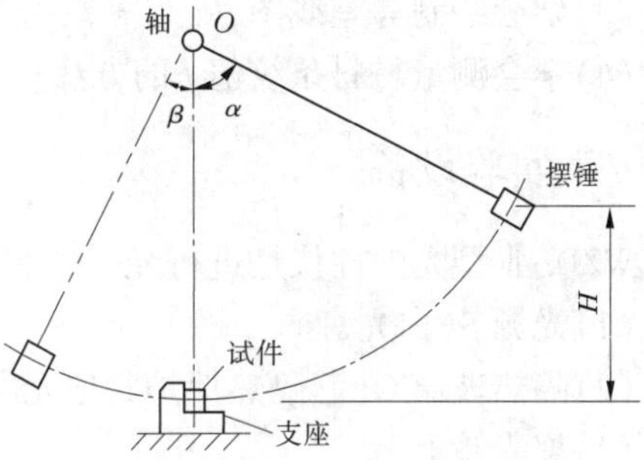

图 4-11　冲击实验装置

(5)安装试件,将试件的切槽背面对着刀刃,用样板找正,使试件上的缺口正好处于钳口的跨距中间。

(6)试件安装好后,确定试验机处于正常情况时,可按"冲击"按钮,摆锤冲断试件。

(7)记下度盘上的读数 U。

注意事项:因为冲击试验机的摆锤摆动时冲击能量很大,实验时必须严格遵守机器的操作规程,应该特别注意在进行实验步骤(4)、(5)操作时,严禁触动"冲动"按钮,以防止危及人身安全和机器安全。

五、实验结果处理

计算低碳钢和铸铁的冲击韧度 $\alpha_k = \dfrac{U}{A}$,填写和计算表 4-7 中数据。

表 4-7　实验结果

材料	试样缺口处端面积/cm^2	冲击功/(N·m)	冲击韧度 $\alpha_k = \dfrac{U}{A}$/(N·m/cm^2)
低碳钢			
铸铁			

六、问题讨论

冲击试件为什么要带缺口?

第七节　光弹性实验

一、实验目的

(1)了解光弹性仪各部分的名称和作用,掌握光弹性仪的使用方法。

(2)观察光弹性模型受力后在偏振光场中的光效应,并了解光弹性方法的基本原理。

(3)学会绘制等差线图,确定等差线条纹级数(整级数、半级数)。

(4)学会测量材料条纹值 f 的方法。

二、实验设备

WZD-Ⅲ型光弹性仪是进行光弹性实验的基本设备,光弹性仪由下列部件组成:

(1)光源 S(白光灯)。

(2)隔热玻璃 G(起隔热保护其他光学原件的作用)。

(3)聚光镜 L。

(4)可变光栅 F(用以改变入射光的光准镜角)。

(5)准直镜 L1(使光线变为平行光)。

(6)起偏镜 P 与检偏镜 A(使自然光变成偏振光,称为偏振片),靠近光源的一块称为起偏镜,习惯上叫 P 片。后面的一片称为检偏镜,叫 A 片。偏振片有一条光轴,对光矢量起着“通过”和“阻挡”的作用。当光矢量平行于光轴时,光线可完全通过,而垂直于光轴时,光线被全部阻挡。若光矢量与光轴斜交,则只有平行的分量才能通过,所以 P 片把来自光源的光变为平面偏振光,而 A 片用来检验光波通过的情况。当两偏振镜轴互相垂直放置[称为正交平面偏振布置(见图 4-12)]时,形成暗场,通过调整一偏振镜轴为竖直方向,另一偏振镜轴为水平方向。当两偏振镜轴及相平行放置时(称为平行平面偏振布置)则呈亮场。两偏振镜有同步回转机构,能使其偏振轴同步旋转。

(7)1/4 波片 Q_p 和 Q_a,它的作用是把平面偏振光变成圆偏振光。因为 1/4 波片有一对垂直光轴,波光沿一条光轴传播的速度比另一条光轴快 1/4 波长,即 π/2 相位,传播速度快的称快轴。将两块 1/4 波片的快慢轴置于相互垂直的 P 片和 A 片之间,使 1/4 波片的快轴与 P 片的光轴成 45°,这样由 P 片射出的平面偏振光到达 1/4 波偏时,将沿快、慢轴分解成两束光,出 1/4 波片后产生 π/2 相位差,合成后就变成圆偏振光(见图 4-13)。

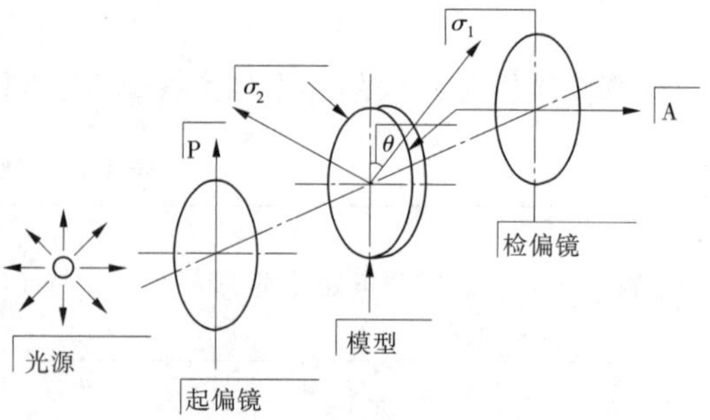

图 4-12　平面偏振光装置

(8)加载架 M(使模型受力)。

(9)视场镜 L2(透镜,使平行光聚焦)。

(10)照相机或投影屏幕 E。

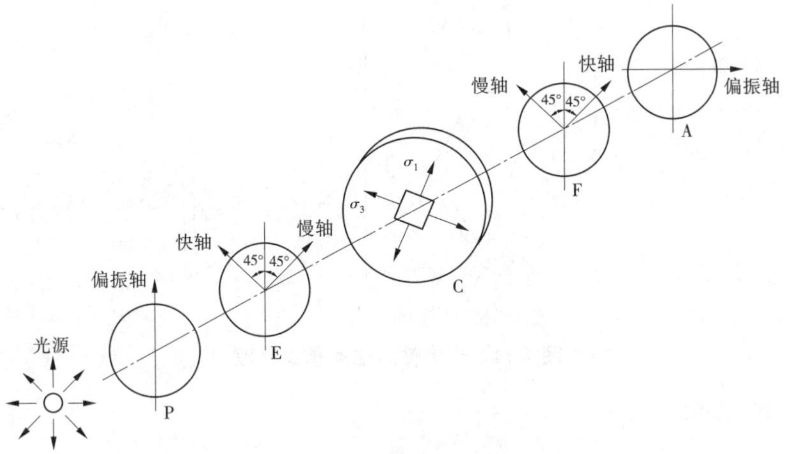

图 4-13　正交圆偏振光场布置简图

三、实验原理和方法

光弹性实验是一种用光学方法测量受力模型上各点应力状态的实验应力分析方法。它是采用具有双折射性能的透明材料,制作与实际构件形状相似的模型,并在模型上施加与实际构件形状相似的外力,把承载的模型置于偏振光场中,可观察到一些与模型上各点应力状态有关的条纹,这些条纹可用来确定模型各点的应力。由于简单构件在拉伸、压缩、扭转和弯曲变形下,其应力分布与材料的弹性常数 E 和 μ 无关,因此实际构件中的应力可以运用相似原理,由模型的应力换算出来。

根据光的波动理论,由光源发出的光经过起偏镜 P 成为平面偏振光,它通过在应力作用下,用具有光敏性材料制成的模型后,产生双折射,使光沿着两个主应力方向分解为两个折射路、率不同的平面偏振光,其传播速度不同,产生光程差 δ 当检偏镜 A 的振动轴与起偏镜 P 振动轴正交时,这样光通过检偏镜 A 后,就变成了与检偏镜 A 振动轴平行的平面振动波,并产生光干涉现象。

光弹性方法的基本原理可以用图 4-14 加以说明,用具有双折射性能的透明材料(如环氧树脂塑料或聚碳酸脂塑料)制成与实际构件相似的模型,并将它放在起偏镜 P 和检偏镜 A 之间的平面偏振光场中。当模型不受力时,偏振光通过模型并无变化。如模型受力,且其某一单元的主应力为 σ_1 和 σ_2,则偏振光通过这一单元时,又将沿 σ_1 和 σ_2 的方向分解成互相垂直、传播速度不同的两束偏振光,这种现象称为双折射。由于两束偏振光在模型中的传播速度并不相同,穿过模型后它们之间产生一个光程差 δ。实验结果表明,δ 该单元主应力差 $\sigma_1-\sigma_2$ 和模型厚度 t 成正比,即

$$\delta = Ct(\sigma_1 - \sigma_2) \tag{4-26}$$

式中:C 为模型材料应力光学常数,对某一波长的光波是个常数。式(4-26)通常称为应力光学定律。

等倾线和等差线:在平面偏振光场的暗场中,单色平面偏振光通过受应力模型产生双折射,在通过检偏镜后发生光干涉现象。根据光的波动理论,按图 4-12 的布置可用下式

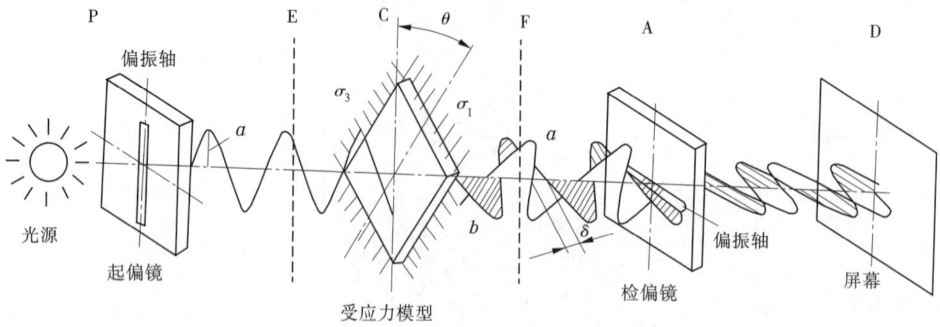

图 4-14 光弹性方法的基本原理

描述干涉后的光强度

$$I = K \cdot a^2 \cdot \sin^2 2\theta \cdot \sin^2\left(\frac{\pi\delta}{\lambda}\right) \tag{4-27}$$

式中：K 为光学常数；a 为平面偏振光的振幅；θ 为偏振轴与主应力方向之间的夹角；λ 为光的波长。将式(4-26)代入式(4-27)得

$$I = Ka^2 \cdot \sin^2 2\theta \cdot \sin^2\left[\frac{\pi Ct(\sigma_1 - \sigma_2)}{\lambda}\right] \tag{4-28}$$

从式(4-28)可以看出，光强 I 与主应力方向角 θ 及主应力差有关，并且可以看出光强 $I=0$(消光现象)的可能性有二，分别讨论如下：

(1)若 $\sin 2\theta=0$，则 $I=0$，即

$$\theta = 0° \quad 或 \quad \theta = 90° \tag{4-29}$$

式(4-29)表明，凡模型上某点的主应力方向与偏振轴 A 平行(或垂直)时，则出现消光现象，即该点在屏幕上呈暗点。如果有许多点的主应力方向均与偏振轴 A 的方向一致，则将构成一条黑线(暗条纹)，此线称为等倾线。在保持偏振轴 P 与偏振轴 A 垂直的情况下，使起偏镜和检偏镜同步旋转，此时可观察到等倾线也在移动，因为每转动一个新的角度，模型内另外一些主应力方向与偏振轴相重合的点便构成与之对应的新等倾线。当偏振镜从 0°同步转动至 90°。模型内所有点的主应力方向均可显现出来，从而得到一系列不同方向的等倾线，因此模型内任一点的主应力方向都可以测取。一般的记录方法是每转动 10°或 15°描绘一条等倾线。

(2)若 $\sin\left[\frac{\pi Ct(\sigma_1-\sigma_2)}{\lambda}\right]=0$，则 $I=0$，即

$$\frac{\pi Ct(\sigma_1 - \sigma_2)}{\lambda} = n\pi \quad (n = 0,1,2,\cdots) \tag{4-30}$$

或

$$\sigma_1-\sigma_2=\frac{n\lambda}{Ct}=n\frac{f_\sigma}{t} \tag{4-31}$$

式中：f_σ 为材料的条纹值。

式(4-31)表明模型上某点的主应力差为 f_σ/t 的 n 倍($n=0,1,2,\cdots$)时即消光，此点在屏幕上的像呈暗点。因为物体受力后其应力变化是连续的，故主应力差也一定是连续变

化的,所以主应力差为 f_σ/t 的整数倍的各个暗点将构成连续的暗线,此暗线称为等差线。对应于 $n=0$ 的线称为 0 级等差线,其 $n=1$ 的线称为 1 级等差线。以此类推,其中 n 称为条纹序数,以上是根据光源用单色光讲述的。如果光源用白光,则模型上具有相同主应力差的各点则形成颜色相同的光带,所以这时的等差线又称为等色线。

由以上讨论可知,根据模型中出现的各向同性点、零应力点、等倾线、等差线(等色线),借助于一些分析计算,就能求出模型中各点应力的大小和方向。

在正交平面偏振光场内,等倾线和等差线是并存的。为了消除两种条纹并存的现象,在图 4-12 所示的光场中,在 E 和 F 处各加一块 1/4 波片(使偏振光产生$\frac{1}{4}\lambda$ 的光程差的光波片),使它们的快慢轴分别与偏振轴成 45°,并且这两块 1/4 波片的快慢轴相互垂直(见图 4-14)。这种布置称为正交圆偏振场(暗场)。在 E 和 F 之间的圆偏振场中放入模型后,通过检偏镜后的光强为

$$I_1 = K \cdot a^2 \cdot \sin^2\left[\frac{\pi Ct(\sigma_1 - \sigma_2)}{\lambda}\right] \tag{4-32}$$

从式(4-32)可以看出光强只与主应力差有关,与主应力方向无关。在正交圆偏振场的布置中使起偏镜和检偏镜的偏振轴成平行,则得到平行圆偏振场(明场)。这时光强的表达式仍然与主应力方向无关,只是等差线是半级次的,即 1/2 级、3/2 级、5/2 级等。因此,在圆偏振场中,消除了等倾线,得到只有等差线的条纹图。

四、实验步骤

(1)认识光弹仪的各个部件的名称,了解其作用与操作方法。

(2)布置出明场和暗场两种平面偏振光场。

①将 1/4 波片(Q_1、Q_2)的快轴(F)和慢轴(S)与仪器的 X、Y 轴重合。

②将起偏片偏振轴调到铅垂方向。

③开启光源。

④单独旋转检偏振片,观察检偏振片后光线的亮度改变。当检偏振片转动到与起偏振片正交时,屏幕呈暗场。再旋转起偏振片,当起偏振片与检偏振片的偏振轴平行时,光线完全通过,屏幕上呈明场。观察偏振效应及偏振光强的变化情况,正确布置了明场与暗场两种平面偏振光场。

(3)在平面偏振光场下观察等色线的形成和发展。

①调整加截杠杆,应尽量使杠杆保持水平位置。

②放入圆盘模型,使之对径受压。

③逐级加载,观察在明场、暗场两种平面偏振光下等差线(等色线)和等倾线的形成和发展。

(4)在正交偏振光场下观察等倾线的变化情况和特点。

(5)在圆偏振光场下观察等差线(等色线)条纹。

①布置双正交圆偏振光场,以消除等倾线。

②观察等差线(等色线)的条纹图。

③逐级加载、卸载,观察等差线(等色线)变化情况及特征。
④在适当荷载下确定等差线(等色线)条纹级序。
⑤观察对径圆盘的等差线和等倾线演示图,分别如图 4-15、图 4-16 所示。

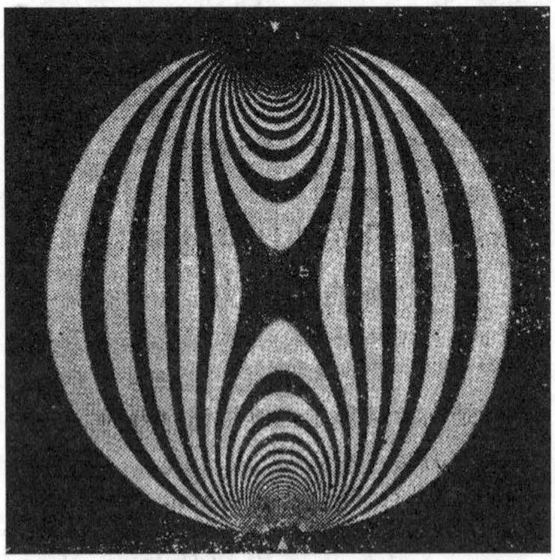

图 4-15 对径受压圆盘等差线

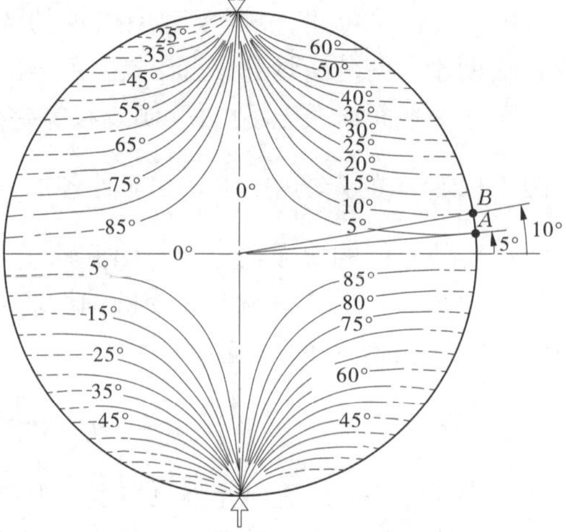

图 4-16 对径受压圆盘等倾线

(6)实验完毕,关闭光源和电源。卸载,取下模型。清理现场。

五、注意事项

(1)光弹性仪上的所有镜片都不准手摸。
(2)模型应放置于光场的中心部分,注意模型与光路垂直。
(3)加载与卸载时,砝码小心轻放。

第五章　力学结构竞赛实验

第一节　第十三届全国大学生结构设计竞赛任务书

2019 年第十三届全国大学生结构设计竞赛题目,由承办高校西安建筑科技大学命题,经全国大学生结构设计竞赛专家委员会审定。竞赛题目为:《山地输电塔模型设计与制作》,赛事规则及题目具体内容可扫描码 5-1 获取。

码 5-1

第二节　第十四届全国大学生结构设计竞赛任务书

2021 年第十四届全国大学生结构设计竞赛题目,由承办高校上海交通大学命题,经全国大学生结构设计竞赛专家委员会审定,竞赛题目为:《变参数桥梁结构模型设计与制作》,赛事规则及题目具体内容可扫描码 5-2 获取。

码 5-2

第三节　第十五届全国大学生结构设计竞赛任务书

2022 年全国"盈建科杯"第十五届全国大学生结构设计竞赛题目,由承办高校太原理工大学命题,经全国大学生结构设计竞赛专家委员会审定,竞赛题目为:《三重木塔结构模型设计与制作》,赛事规则及题目具体内容可扫描码 5-3 获取。

码 5-3

附　件

理论课程教学大纲

课程名称	材料力学 Mechanics of Materials	课程代码	BK070023
课程属性	学科基础课	学时/学分	56/3.5
课程性质	必修	实验学时	8
授课对象	道路桥梁与渡河工程、土木工程		
开课学院	水利土木工程学院	责任教师	

一、课程介绍

(一)课程内容

材料力学是道路桥梁与渡河工程、土木工程专业的主要学科基础课程之一,课程主要讲述材料力学的基本内容,以杆件在静荷载作用下的弹性变形为主,重点讲述杆件的强度、刚度和稳定性的计算原理和方法,共设置七个章节,包括:绪论、杆件的内力与内力图、杆件的应力与强度、杆件的变形与刚度、应力状态与强度理论、组合变形分析、压杆稳定。此外,课程还设置了拉伸、压缩、扭转、弯曲四种基本变形的实验教学环节。

(二)课程目标

(1)学生通过本课程的理论学习,应掌握杆件的强度、刚度和稳定性的计算原理和方法,在既安全又经济的条件下,为构件选择适宜的材料,确定合理的截面形状和尺寸。

(2)学生通过实验课掌握万能材料试验机、应变仪等设备的使用,通过实验课教学,使学生掌握测定材料力学性能的基本知识、基本技能和基本方法。

(3)学生通过本课程的学习,可以掌握后续结构类课程所必需的基础知识,同时为解决复杂工程问题打下坚实的力学基础。

(三)课程教学改革

在教学课时减少的情况下,讲课方式要灵活,讲课内容要少而精,在保证传统材料力学内容体系的基础上,充分利用网络教学平台和资源,把部分非重点内容和需要补充的难点内容以线上教学视频的形式推送给学生学习,增加教学的深度。同时注意更新一些新材料科学的内容,拓宽学生学习知识的广度。突破传统的单一教学模式,在课程中引入分层教学,为优秀学生成长创造良好条件。重视学生在学习过程中的主体地位,实行启发式、讨论式教学,同时应用“雨课堂”“智慧树”等教学平台,加深与学生的交流和联系,能够实现全面、科学地考核学生的日常学习效果。

二、学习要求

开课之前,学生在“雨课堂”和“智慧树”平台加入教师所授的教学班级,下载和学习教师提供的相关教学资料。课前,关注教师推送的预习内容,完成课程的预习工作。课中,携带练习本、手机、计算器和直尺,完成必要的课堂练习,积极参与教学互动,课堂表现在“雨课堂”中予以记录。课后,复习和巩固学习内容,认真独立完成教师布置的课后作业,还应关注教师在课后推送的补充学习内容。对于实验环节,学生应在课前复习相关的知识点,课中认真观察教师的演示过程,分小组合作完成实验,注意实验过程中自身和实验仪器的安全,记录实验数据,课后认真完成实验报告的撰写和总结。

三、教学进度

(一)理论教学

第一章　绪论　2学时

第一节　材料力学的任务及研究对象　0.5学时

知识点:强度、刚度、稳定性;材料力学的任务及研究对象。

第二节　变形固体及其基本假设　0.5学时

知识点:变形固体及其基本假定。

第三节　杆件变形的基本形式　0.5学时

知识点:杆件变形的基本形式;每种基本变形的受力和变形特点。

第四节　材料力学　0.5学时

小结

重点:学生重点掌握前三节的内容。

难点:材料力学的任务、变形固体的基本假设。

建议教学方法:从实际工程引出构件强度、刚度、稳定性的概念,进而明确材料力学的研究对象及任务;讲清楚变形固体基本假定的原因;从受力和变形两方面掌握杆件变形的基本形式。在讲述本章的内容时,注意穿插新结构、新材料在目前工程上的实际应用,激发学生对该课程的学习兴趣。

第二章　杆件的内力与内力图　11学时

第一节　基本概念　1学时

知识点:内力的概念;内力分量及表示;弹性体的平衡原理;截面法。

第二节　轴向拉压杆件的内力　2学时

知识点:轴向拉压杆横截面的内力;正负规定;计算法则;轴力图的画法。

第三节　受扭杆件的内力　1学时

知识点:受扭杆件横截面的内力;正负规定;计算法则;扭矩图的画法。

第四节　弯曲杆件的内力　　7 学时

知识点:弯曲杆件横截面的内力;正负规定;计算法则;内外力的微积分关系,控制截面法画内力图;叠加法画弯矩图。

小结

重点:要求学生重点掌握内力的概念;内力与外力的关系;求内力的基本方法——截面法;内力的计算法则;熟练掌握梁的内力图的画法。

难点:内力的概念、内外力的微分关系、控制截面法绘内力图。

建议教学方法:讲清楚物理学中的内力、内约束力等的区别。通过微段的平衡导出内、外力的微分关系,让学生真正理解导出的微分关系式的几何、力学意义。通过习题课,加强微分关系式在控制截面法画内力图中的应用训练,以达到熟练掌握的目的。

第三章　杆件的应力与强度　　11 学时

第一节　应力应变及其相互关系　　1 学时

知识点:正应力和剪应力;正应变和剪应变;材料的线弹性物性关系。

第二节　材料的力学性质　　2 学时

知识点:工程上常用塑性、脆性材料拉伸、压缩时的力学性质;安全系数和许用应力。

第三节　轴向拉压杆件的应力与强度　　2 学时

知识点:轴向拉压杆横截面上的应力;轴向拉压杆斜截面上的应力;拉压杆的强度条件;圣维南原理和应力集中。

第四节　圆轴扭转的应力与强度　　1 学时

知识点:圆轴扭转时的应力;圆轴扭转时的强度条件。

第五节　梁的应力与强度　　4 学时

知识点:梁的正应力与正应力强度条件;梁的剪应力与剪应力强度条件;提高弯曲强度的措施。

第六节　连接件的应力与强度　　1 学时

知识点:剪切的实用计算;挤压的实用计算。

小结

重点:本章是材料力学的任务之一强度计算的有关内容,是整本教材的重点一,应使学生重点掌握,特别是梁的应力和强度一定要掌握好。

难点:应力、应变的概念;强度计算的有关内容。

建议教学方法:在讲述本章内容时,应把几种基本变形的强度计算联系起来,强调建立公式的条件及公式的适用范围。以便学生理解记忆和掌握。

第四章　杆件的变形与刚度　　6 学时

第一节　轴向拉压杆件的变形与刚度　　1 学时

知识点:拉压杆的变形;拉压杆的刚度条件;拉压杆的弹性应变能。

第二节　圆轴扭转的变形与刚度　　1 学时

知识点:扭转杆件的变形;扭转杆件的强度条件;扭转杆件的应变能。

第三节　梁的弯曲变形与刚度　2 学时

知识点:梁的弯曲变形和位移,梁的弯曲刚度。

第四节　简单超静定问题　2 学时

知识点:简单超静定求解的方法,重点是拉压超静定。

小结

重点:本章是材料力学的任务之二刚度计算的有关内容,是整本教材的重点二,应使学生重点掌握,特别是拉压变形及拉压超静定问题要掌握好。

难点:刚度的概念、衡量杆件不同变形的量,变形和位移的关系。

建议教学方法:在讲述这章内容时,应把几种基本变形的刚度计算联系起来,以便学生理解和记忆。难点问题的讲解应通过实例说明刚度的概念,对于简单超静定问题的求解要讲清楚求解的方法。

第五章　应力状态与强度理论　8 学时

第一节　应力状态概念　1 学时

知识点:什么是应力状态;为什么研究应力状态;怎样研究应力状态。

第二节　平面应力状态分析　4 学时

知识点:解析法和应力圆法及二者的对应关系

第三节　空间应力状态简介　1 学时

知识点:如何把空间问题转化为平面问题。

第四节　广义胡克定律　1 学时

知识点:重点说明"广义"的含义。

第五节　强度理论及其应用　1 学时

知识点:为什么要研究强度理论;几种强度理论及应用。

小结

重点:平面应力状态及强度理论的应用。

难点:应力状态的概念。

建议教学方法:把本章的内容和第三章杆件的应力计算联系起来,以增强学生解决实际问题的能力。

第六章　组合变形分析　4 学时

第一节　组合变形的概念及分析方法　0.5 学时

知识点:组合变形的概念;组合变形的一般分析方法。

第二节　斜弯曲　0.5 学时

知识点:斜弯曲的概念;斜弯曲的内力、应力、变形计算。

第三节　拉伸(压缩)与弯曲　2 学时

知识点:拉伸(压缩)与弯曲组合的内力、应力、强度计算;截面核心。

第四节　扭转与弯曲　1 学时

知识点:扭转与弯曲组合的概念、内力、应力、强度计算。

小结

重点:组合变形计算的一般方法及截面核心的概念。

难点:斜弯曲中性轴的确定,弯扭组合变形的强度条件,任意截面的截面核心确定方法。

建议教学方法:首先建立起组合变形分析的一般方法,讲授偏心压缩时应和钢筋混凝土受压构件的配筋计算联系起来,强调截面核心的工程意义。

第七章　压杆稳定　6学时

第一节　压杆稳定的基本概念　1学时

知识点:压杆稳定的概念、类型。

第二节　细长压杆临界荷载的欧拉公式　1学时

知识点:欧拉公式的推导思路、公式的应用。

第三节　压杆的临界应力及临界应力总图　2学时

知识点:临界应力的计算、柔度、临界应力总图。

第四节　压杆的稳定设计　2学时

知识点:压杆稳定计算的方法;提高压杆稳定性的措施。

小结

重点:本章是材料力学稳定性计算的有关内容,是整本教材的重点三,应使学生重点掌握。

难点:压杆柔度概念和临界应力总图。

建议教学方法:在讲清基本概念的基础上,重点是根据柔度把杆件分成三种类型,让学生在理解临界应力的基础上,掌握三种杆件的临界应力计算。

(二)实验教学

1　实验项目:拉压实验　4学时

1.1　实验类型:验证性实验。

1.2　实验目的:与理论课程结合,加深学生对材料力学性质的理解。

1.3　实验内容:塑性、脆性材料的拉压试验。

1.4　教学目标:使学生掌握低碳钢(塑性材料)和铸铁(脆性材料)轴向拉伸与压缩时的力学性质。

2　实验项目:扭转实验　2学时

2.1　实验类型:验证性实验。

2.2　实验目的:与理论课程结合,加深学生对材料力学性质的理解。

2.3　实验内容:塑性、脆性材料的扭转剪切实验。

2.4　教学目标:使学生掌握低碳钢(塑性材料)和铸铁(脆性材料)扭转变形现象及破坏形式。

3　实验项目:纯弯曲梁正应力实验　2学时

3.1　实验类型:验证性实验。

3.2　实验目的:与理论课程结合,加深学生对平面弯曲梁正应力计算公式的理解。

3.3　实验内容:电测法测定纯弯曲梁某一截面上的正应力大小和分布规律。

3.4　教学目标:使学生掌握电测法的基本原理,验证正应力计算公式。

四、考核评价

考核方式		成绩比例/%	合计/%
过程考核	考勤	10	30
	课堂表现	10	
	课后作业	10	
结课考核	闭卷	70	70
总计			100

五、思政德育教学案例

案例1:培养认真严谨的工作态度,结合构件承载能力的计算,强调公式、数值、单位、作图的严谨性和准确性。

案例2:善于抓住事物的主要矛盾,结合绪论中材料力学的基本假设,说明假设的内容与出发点。

案例3:总结百年前中国落后的部分原因,结合材料力学简史加以说明,大多数的学科基础来源于外国人。

案例4:学科进展说明,突出中国的科技发展,结合材料力学简史加以说明,在中国共产党的领导下,取得了长足进步。

案例5:实事求是的态度,结合材料力学性质与实验加以说明,尊重实验现象与实验数据。

案例6:脚踏实地、不搞形式主义,结合杆件横截面的应力计算公式推导加以说明,明确目标,合理假设。

案例7:人的可塑性,结合塑性材料的力学性质与特点加以说明,类比材料的塑性变形与人的可塑性。

案例8:缺点在某些情况下会被无限放大,结合脆性材料的破坏形式与机制加以说明,微小的缺陷可能导致严重的后果。

案例9:理论联系实际,结合压杆稳定的研究方法加以说明,理想压杆不会发生弯曲变形,实际压杆为偏心受压,会产生弯曲变形,探索理论分析方法。

案例10:唯物主义与辩证关系,结合变形与刚度的内容加以说明。

六、应用型教学案例

案例1:材料的多尺度力学研究方法,如连续介质的有限元法,粒子化的分子动力学方法等结合绪论概述相关研究的前沿问题。

案例 2：材料和可变形固体的联系与区别，介绍软物质与软材料等前沿问题，在绪论中讲述，提升学生学习的兴趣。

案例 3：在绪论中讲解强度、刚度、稳定性的工程实例，协助学生理解构件承载能力的概念。

案例 4：世贸双塔的倒塌与泰坦尼克号沉船事故分析，重点分析温度的突然改变对材料力学性质的影响。

案例 5：轴向拉压杆件的工程实例，分析工程中的桁架结构与力学分析的理想桁架的区别。

案例 6：扭转杆件的工程实例，如雨篷梁、机械传动轴、钻杆等，重点理解输入功率、输出功率和对应的扭转力偶矩的关系。

案例 7：变截面梁、“工”字形截面和箱形截面梁的工程实例，分析对于提高梁的强度和刚度的影响原因。

案例 8：梁式桥的工程实例，重点讨论梁的跨度，分析提升梁的刚度的措施，说明设计超静定结构的意义。

案例 9：梁的主应力迹线与混凝土梁承载至破坏的结构实验图片的对比，明确主应力的概念。

案例 10：脚手架失稳倒塌的工程实例，分析压杆稳定性计算和研究的重要性。

七、教学参考资料

（一）选用教材

邱秀梅，戴景军. 材料力学[M]. 北京：中国农业出版社，2016.

（二）参考用书

[1] 王世斌，方一澜，王燕群，等. 材料力学[M]. 北京：高等教育出版社，2008.
[2] 孙训方. 材料力学[M]. 5 版. 北京：高等教育出版社，2015.
[3] 范钦珊. 材料力学[M]. 北京：高等教育出版社，2004.
[4] 刘鸿文. 材料力学[M]. 2 版. 北京：高等教育出版社，2004.
[5] 刘鸿文. 材料力学实验[M]. 北京：高等教育出版社，2006.
[6] 付朝华，胡德贵，蒋小林. 材料力学实验[M]. 北京：清华大学出版社，2010.

（三）其他参考资料

材料力学精品课程网站、各类慕课资源。

拉伸实验报告

实验组别________系________专业___班级___组　　　实验者姓名______

实验日期________年____月___日　　　　　　　　　实验室温度____℃

一、实验目的

二、实验设备

机器型号名称____________________　　　量程：钢________kN，精度____N

铸铁______kN，精度____N

测试直径的量具名称____________________　　　精度____________mm

测试长度的量具名称____________________　　　精度____________mm

三、实验数据和计算结果

实验数据和计算结果见附表1。

附表 1　实验数据及结果分析

实验材料	试件规格	实验前							实验后					屈服荷载 P_s/MPa	屈服极限 σ_s/MPa	最大荷载 P_b/MPa	强度极限 σ_b/MPa	延伸率 δ/%	断面收缩率 φ/%
		截面尺寸 d/mm					截面面积 A_0/mm²	计算长度 L/mm	断口截面尺寸			截面面积/mm²	断后长度 L_1/mm						
		测量部位	沿两正交方向测得的数值		各部位的平均值	最小平均值			沿两正交方向测得的数值/mm		平均值 d_1/mm								
低碳钢		上	1						1										
			2																
		中	1																
			2						2										
		下	1																
			2																
铸铁		上	1																
			2																
		中	1																
			2																
		下	1																
			2																

四、思考题

1. 画出两种材料破坏后的简图。

2. 低碳钢在拉伸过程中可分为几个阶段，各阶段有何特征？画出拉伸曲线图。

3. 低碳钢和铸铁在拉伸实验中的性能和特点有什么不同？

4. 材料和直径相同而长短不同的试件，延伸率是否相同，为什么？

压缩实验报告

实验组别________系________专业____班级____组　　实验者姓名______

实验日期________年____月____日　　实验室温度____℃

一、实验目的

二、实验设备

机器型号名称____________________　　量程：钢________ kN，精度____ N

铸铁______ kN，精度____ N

测试直径的量具名称____________________　　精度____________ mm

测试长度的量具名称____________________　　精度____________ mm

三、实验数据和计算结果

实验数据和计算结果见附表 2。

附表 2　实验数据和计算结果

<table>
<tr><th rowspan="3">试件材料</th><th rowspan="3">试件规格 h/d</th><th colspan="4">试件尺寸</th><th rowspan="3">屈服荷载 P_s/MPa</th><th rowspan="3">屈服极限 σ_s/MPa</th><th rowspan="3">最大荷载 P_b/MPa</th><th rowspan="3">强度极限 σ_b/MPa</th><th colspan="2">试件形状</th></tr>
<tr><th colspan="3">直径 d/mm</th><th rowspan="2">截面面积 A_0/mm^2</th><th rowspan="2">实验前</th><th rowspan="2">实验后</th></tr>
<tr><th colspan="2">沿两正交方向测得的数值</th><th>平均值</th></tr>
<tr><td rowspan="2">低碳钢</td><td rowspan="2"></td><td>1</td><td></td><td rowspan="2"></td><td rowspan="2"></td><td rowspan="2"></td><td rowspan="2"></td><td rowspan="2"></td><td rowspan="2"></td><td rowspan="2"></td><td rowspan="2"></td></tr>
<tr><td>2</td><td></td></tr>
<tr><td rowspan="2">铸铁</td><td rowspan="2"></td><td>1</td><td></td><td rowspan="2"></td><td rowspan="2"></td><td rowspan="2"></td><td rowspan="2"></td><td rowspan="2"></td><td rowspan="2"></td><td rowspan="2"></td><td rowspan="2"></td></tr>
<tr><td>2</td><td></td></tr>
</table>

四、思考题

1. 画出两种材料的压缩曲线。

2. 压缩试件的尺寸有何要求?

3. 分析低碳钢与铸铁试件在压缩过程中及破坏后有哪些区别?

4. 为什么低碳钢压缩时测不出强度极限?

5. 铸铁的压缩破坏形式说明了什么?

扭转实验报告

实验组别________系________专业____班级____组　　实验者姓名______

实验日期________年____月____日　　实验室温度____℃

一、实验目的

二、实验设备

机器型号名称____________________　　量程：钢________kN，精度____N

铸铁______kN，精度____N

测试直径的量具名称____________________　　精度____________mm

测试长度的量具名称____________________　　精度____________mm

三、实验数据和计算结果

实验数据和计算结果见附表3。

附表3　实验数据和计算结果

试件材料	直径 d/mm					抗扭截面模量 W_p/mm^3	屈服扭矩 $T_s/(N\cdot m)$	破坏扭矩 $T_b/(N\cdot m)$	屈服极限 τ_s/MPa	强度极限 τ_b/MPa
	测量部位	沿两正交方向测得的数值		各部位的平均值	最小平均值					
低碳钢	上	1								
		2								
	中	1								
		2								
	下	1								
		2								
铸铁	上	1								
		2								
	中	1								
		2								
	下	1								
		2								

四、思考题

1. 画出低碳钢和铸铁试件扭转实验前后的图形。

2. 绘制低碳钢和铸铁两种材料的 M-φ 曲线图。

3. 比较低碳钢与灰铸铁试样的扭转破坏断口,并分析它们的破坏原因。

4. 低碳钢拉伸屈服极限和剪切屈服极限有何关系?

5. 分析比较塑性材料和脆性材料在拉伸、压缩及扭转时的变形情况和破坏特点,并归纳这两种材料的机械性能。

纯弯曲梁正应力实验报告

实验组别________系________专业____班级____组　　实验者姓名______

实验日期________年____月____日　　实验室温度____℃

一、实验目的

二、实验设备

机器型号名称____________________　　量程:精度____________ ε

测试长度的量具名称____________________　　精度____________ mm

三、实验数据和计算结果

实验数据和计算结果见附表4、附表5。

附表4　试件相关参考数据

应变片至中性层距离/mm		梁的尺寸和有关参数
y_1		宽　度 b= 　mm
y_2		高　度 h= 　mm
y_3		跨　度 L= 　mm
y_4		荷载距离 a= 　mm
y_5		弹性模量 E= 　GPa
		泊 松 比 μ=
		惯性矩 $I_z=bh^3/12=$

附表 5　实验数据

荷载/N	P							
	ΔP							
各测点电阻应变仪读数/με	1	ε_p						
		$\Delta\varepsilon_p$						
		$\overline{\Delta\varepsilon_p}$						
	2	ε_p						
		$\Delta\varepsilon_p$						
		$\overline{\Delta\varepsilon_p}$						
	3	ε_p						
		$\Delta\varepsilon_p$						
		$\overline{\Delta\varepsilon_p}$						
	4	ε_p						
		$\Delta\varepsilon_p$						
		$\overline{\Delta\varepsilon_p}$						
	5	ε_p						
		$\Delta\varepsilon_p$						
		$\overline{\Delta\varepsilon_p}$						

四、实验结果处理

1. 实验值计算

根据测得的各点应变值 $\varepsilon_{i实}$ 求出应变增量平均值 $\Delta\overline{\varepsilon_{i实}}$，代入胡克定律计算各点的实验应力值，因 1 $\mu\varepsilon = 10^{-6}\varepsilon$，所以各点实验应力计算：

$$\sigma_{i实} = E \times \Delta\overline{\varepsilon_{i实}} \times 10^{6} \quad (i = 1,2,3,4,5)$$

2. 理论值计算

荷载增量：$\Delta P =$ 　　N

弯矩增量：$\Delta M = \dfrac{\Delta P \cdot a}{2} =$ 　　N · m

各点理论值计算：$\sigma_{i理} = \dfrac{\Delta M \cdot y_i}{I_z} \quad (i=1,2,3,4,5)$

3. 绘出实验应力值和理论应力值的分布图

分别以横坐标轴表示各测点的应力 $\varepsilon_{i实}$ 和 $\varepsilon_{i理}$，以纵坐标轴表示各测点距梁中性层位置 y_i，选用合适的比例绘出应力分布图。

4. 实验值与理论值的比较。

实验值与理论值的比较见附表6。

附表6　实验值与理论值的比较

测点	理论值 $\sigma_{i理}$/MPa	实际值 $\sigma_{i实}$/MPa	相对误差/%
1			
2			
3			
4			
5			

五、思考题

1. 绘制纯弯曲梁应力分布图。

2. 影响实验结果的影响因素是什么？

3. 弯曲正应力的大小是否会受材料弹性模量的影响？

压杆稳定实验报告

实验组别________系________专业____班级____组　　　实验者姓名______
实验日期________年____月____日　　　　　　　　　实验室温度____℃

一、实验目的

二、实验设备与仪器

三、实验原理

四、实验操作步骤

五、实验结果及分析计算

1. 实验数据

	压杆失稳临界荷载/N	压杆屈曲模式
两端铰支		
三点铰支		
上端铰支、下端固支		
两端固支		

2. 结果计算

六、思考题

1. 压杆临界荷载是在什么情况下测得的？

2. 压杆失稳前后，荷载与变形的曲线关系有何变化？

参考文献

[1] 邱秀梅,戴景军.材料力学[M].北京:中国农业出版社,2016.
[2] 孙训方.材料力学[M].5版.北京:高等教育出版社,2015.
[3] 范钦珊.材料力学[M].北京:高等教育出版社,2004.
[4] 刘鸿文.材料力学[M].2版.北京:高等教育出版社,2004.
[5] 刘鸿文.材料力学实验[M].2版.北京:高等教育出版社,2006.
[6] 付朝华,胡德贵,蒋小林.材料力学实验[M].北京:清华大学出版社,2010.
[7] 卢智先,张霜银.材料力学实验[M].2版.北京:机械工业出版社,2021.
[8] 古滨.材料力学实验指导与实验基本训练[M].2版.北京:北京理工大学出版社,2016.
[9] 章宝华,徐斌.材料力学与结构创新实验教程[M].杭州:浙江大学出版社,2014.
[10] 宋学东,王晖,张坤强.力学与结构实验[M].郑州:黄河水利出版社,2017.